KB196390

초등학생을
위한
인공 지능
교과서

1

초등학생을 위한 인공 지능 교과서

인공 지능은 내 친구

김재웅, 김갑수, 김정원, 김세희, 진종호, 이문형
최종원 **감수** | 최연우, 박새미 **그림**
중앙대학교 인문콘텐츠연구소 HK+ 인공지능인문학사업단 **기획**

책을 펴내며

우리의 일상이 디지털 기술과 맞물려 새로운 세상으로 전환되어 가고 있습니다. 인공 지능 기술 역시 매일 새로운 모습으로 우리 곁에 다가오고 있습니다. 신경망 학습으로 구글 번역은 언어 간 번역을 하고, 생성형 인공 지능은 사람이 글을 작성하는 것처럼 글을 작성해 주고, 그림을 그려 주고 음악을 만들어 주고 있습니다. 이러한 최근의 인공 지능 기술은 신경 과학과 뇌과학, 그리고 정보 처리 알고리듬의 비약적인 발달에 기반하고 있습니다. 최근 젊은 과학자들은 의수를 가진 사람들에게 촉감을 제공하거나, 인간의 두뇌와 기계를 원활하게 연결하는 칩을 설계하는 등 점차 우리 몸의 기능을 대체하는 인공 지능 기술도 연구하고 있습니다. 앞으로 여러분은 좀 더 진일보한 인공 지능의 시대를 살아가게 됩니다. 따라서 여러분의 일상 생활과 하는 일에도 많은 변화가 찾아올 것입니다.

우리의 초등학교 인공 지능 교육은 먼저 시작한 미국이나 유럽, 중국에 비하면 이제 시작 단계입니다. 인공 지능의 원리를 이해하고 활용하기 위한 준비가 필요한 때입니다.

이 책은 친구와 대화를 나누듯이 인공 지능을 이해하고 학습할 수 있도록 구성되었습니다. 인공 지능이 인간의 지능과는 어떻게 다를까? 인공 지능은 어떻게 학습하고, 우리의 일상 생활에 어떻게 활용되고 있을까? 인공 지능이 우리처럼 생각하고 그림을 그릴 수 있을까? 인공 지능이 일반화된, 미래의 우리 생활 모습은 어떻게 변해 있을까? 이 책은 여러 궁금증에 대한 답을 찾고 응용할 수 있는 사고력을 기를 수 있도록 인공 지능 학습에 꼭 필요한 지식을 7개의 영역으로 나누어 담았습니다.

현실 세계와 똑같은 디지털 세계의 쌍둥이 구조물에서 실험도 하고, 놀이를 통해 배우고, 여러분만의 아바타를 이용하여 판타지의 세계를 만들 수도 있습니다. 이제 인공 지능을 학습하고 우리의 미래에 할 일을 생각해 봐야겠지요.

이 책은 서울교육대학교 김갑수, 김정원 교수님, 그리고 중앙대학교 이문형, 김세희, 진종호 석박사들이 함께 만들었습니다. 이 책이 나오기까지 초고를 읽고 감수를 맡아 주신 중앙대학교 최종원 교수님과 출간까지 애써 주신 HK+ 인공지능인문학사업단 단장님이신 이찬규 교수님과 관계자 분들, 그리고 (주) 사이언스북스 편집진 여러분께 고마움을 전합니다.

차례

1부

나는 인공 지능 초보자입니다

1 인공 지능을 만든 사람들

1. 인공 지능이란 무엇일까요?

박사님 승현이, 반가워요!

승현 박사님, 안녕하세요! 오늘 인공 지능 이야기를 해 주신다고 들었어요. 그런데, 인공 지능이 뭐예요?

박사님 **인공 지능**이란 사람처럼 사물을 알아보고, 학습하고, 판단하고, 소통하고, 움직일 수 있는 기계랍니다. 즉 인공 지능은 학습하고 생각하여 판단할 수 있는 인간의 지능을 갖춘 시스템이고, 로봇이라고 할 수 있습니다. 인간의 지능이 사람의 몸이 아닌 기계에 들어가서 편리하기도 하지만, 반대하는 사람도 많아요.

소연 네, 그런데 영화 속에서는 로봇과 친구가 되기도 하던걸요.

인공 지능이란?

인공 지능은 사람과 같은 지능을 갖는 강한 인공 지능과 사람의 흉내를 내는 약한 인공 지능으로 나누고 있습니다. 지금의 인공 지능의 수준은 특정 분야에 한정하여 사람과 같이 흉내를 내는 약한 인공 지능입니다. 언젠가는 사람과 같은 강한 인공 지능이 개발될 것입니다.

2. 인공 지능은 누가 생각해 냈나요?

승현 박사님! 그런데 인공 지능을 처음 만든 사람은 누군가요?

박사님 요즘 인공 지능이란 말이 많이 쓰여 만들어진 지 얼마 안 되었다고 생각할 수 있지만, 실제로는 70년도 전에 처음 만들어졌어요. 1956년 미국 다트머스 대학에서 컴퓨터를 전공하는 과학자들이 모여 인공 지능이란 말을 처음 만들었답니다. 이 회의에는 민스키, 섀넌, 로체스터 등이 함께 참석하였는데, **존 매카시**가 인공 지능이란 말을 쓰는 게 어떠냐고 하였고 여러 학자가 찬성해서 인공 지능이란 말이 쓰이기 시작했습니다.

매카시는 누구?
존 매카시(1927-2011년)는 리습 언어뿐만 아니라 컴퓨터가 동시에 여러 가지 일을 처리하는 개념인 타임 셰어링 시스템도 만들었습니다. 또한 매카시 91이라는 함수를 만들어 프로그램하는 것을 증명하는 방법도 만들었습니다. 컴퓨터 분야의 노벨상인 튜링상도 1971년에 받았습니다. 다트머스 대학에서 교수를 시작하여 스탠퍼드 대학교에서 오랫동안 교수로 일했습니다.

존 매카시

마빈 민스키

클로드 섀넌

레이 솔로모노프

앨런 뉴웰

허버트 사이먼

아서 새뮤얼

올리버 셀프리지

너새니얼 로체스터

트렌차드 모어

1956년 다트머스 학술 대회에 참석한 인공 지능의 아버지들.

3. 인공 지능의 선구자, 존 매카시

승현 그러니까 존 매카시가 인공 지능을 처음 시작한 선구자이군요.

박사님 승현이는 선구자라는 말도 아는군요. 존 매카시는 그 시대의 다른 사람들보다 앞선 사람임에 분명하지요. 1955년에 인간의 지식이나 지능을 갖는 프로그램이 미래에 나타날 것이라고 예언했어요. 그리고 인간과 같은 지능이 있는 기계를 만들기 위해서는 과학과 공학을 잘 발전시키는 것이 필요하다고 말했지요. 그때 인공 지능이라는 말을 처음 사용하였기 때문에 존 매카시가 인공 지능이란 말을 처음 만든 셈이지요. 또 1958년에는 **리습(LISP)**이라는 초기 인공 지능의 언어도 개발을 하였으니 진정한 인공 지능의 아버지라고 할 수 있겠네요. 물론 최초의 컴퓨터 프로그램 언어는 포트란이고 두 번째 언어가 리습이긴 하지만요.

리습 언어란?
리습 언어란 1958년에 만들어져 여러 종류로 발전해 온 컴퓨터 언어이지만 지금은 거의 사용되지 않습니다. 하지만 http://hylang.org/ 사이트에 가면 파이선 언어에서 사용할 수 있는 기능을 찾아볼 수 있습니다.

승현 리습 언어가 어떤 것인지 궁금해요.

박사님 그러면, 리습 언어를 한번 경험해 볼까요? 여러분은 수학 시간에 4 더하기 5는 4+5로 표현하지요? 존 매카시는 리습 언어로 (+ 4 5)라고 표현했어요. 또 15 − 8을 리습 언어로 (- 15 8)로 표현했어요. 15 − 8 과 (- 15 8)은 무엇이 다를까요? 뺄셈 기호가 앞에 있다는 것을 알 수 있죠.

그럼 4+5+6은 리습 언어로 어떻게 표현했을까요? (+ 4 5 6)으로 표현합니다. 4+5+6에서는 덧셈 기호를 세 번 썼지만, (+ 4 5 6)에서는 한 번만 썼지요. 조금 간단히 표현되었어요.

하나만 더 살펴봐요. 1+2+3+4+5+6+7+8+9+10은 (+ 1 2 3 4 5 6 7 8 9 10) 이렇게 표현했어요.

이렇게 프로그램 언어를 입력하면 그 결과인 55가 출력되어요. 간단한 것처럼 보이지만 새롭게 표현한 것이죠. 생각을 바꾸면 새로운 것이 만들어지는 것입니다. 이 리습 언어는 1980년대까지 인공 지능 언어로 많이 사용되었답니다.

4. 앨런 튜링과 튜링 테스트

승현 박사님! 인공 지능이 사람처럼 생각하고 판단한다면, 사람과 구별을 못할 수도 있겠는걸요?

박사님 오! 승현이가 좋은 질문을 했군요. 그래서 앨런 튜링 이야기를 하려고 해요. 아까 존 매카시가 인공 지능을 처음 말한 1956년 이전에도 많은 과학자가 인공 지능에 관한 생각들을 이야기했어요. 그중 가장 대표적인 학자가 앨런 튜링입니다. 앨런 튜링은 1950년에 "기계도 사람처럼 생각할 수 있다."라고 주장하였답니다. 컴퓨터로 대화를 나눌 때 사람이 이야기하는지 기계가 이야기하는지 구별할 수 없는 상태이면 인공 지능이라고 말할 수 있다고 하였지요. 이를 **튜링 테스트**라고 합니다. 튜링의 이런 생각은 "기계도 생각할 수 있을까?"라는 질문에서 시작하였습니다.

승현 앨런 튜링이 저보다 먼저 그런 생각을 했네요.

박사님 튜링 테스트를 다시 쉽게 설명해 볼게요. 한 회사에서 승현이의 이름을 따서 승현 시스템을 만들었다고 합시다. 어떤 사람이 승현 시스템에게 질문을 했을 때, 승현 시스템이 대답한 것인지 사람이 대답한 것인지 구별하기 힘들다면 승현 시스템은 튜링 테스트를 통과했다고 말합니다. 튜링 테스트를 통과한 시스템은 인공 지능 시스템이라고 합니다. 즉 다음 그림과 같이 어떤 사람이 질문을 했을 때, 대답한 것이 사람인지 기계인지 구별할 수 없을 때, 그 기계는 튜링 테스트를 통과한 것입니다.

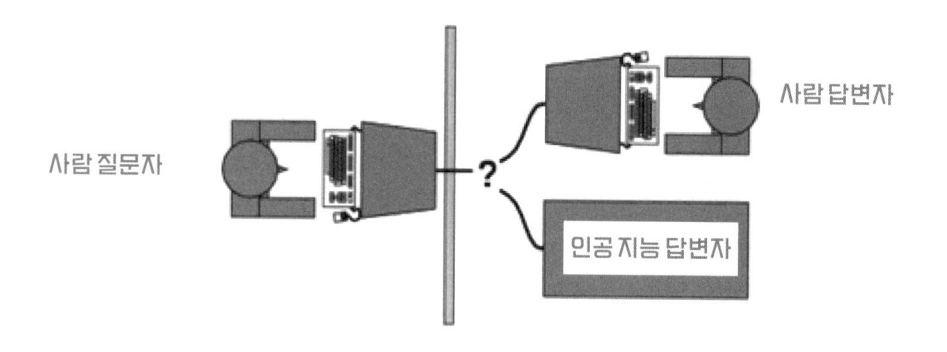

승현 제가 커서 튜링 테스트를 통과하는 승현 시스템을 만들면 되겠군요.

박사님 허허, 그러면 되겠네요. 그리고 앨런 튜링은 컴퓨터를 만든 사람이라고 볼 수 있는 위대한 사람이라서 그 사람의 이름을 따서 **튜링상**이라는 아주 유명한 상이 만들어졌답니다. 2018년도 튜링상 수상자는 요슈아 벤지오, 제프리 힌튼, 얀 르쿤의 세 사람입니다. 이 과학자들은 인공 지능 중에 **딥 러닝(deep learning)**이라는 것을 연구하여 인공 지능을 더욱 발전시켜서 상을 받았어요.

튜링은 누구?
앨런 튜링(1912-1954년)은 이론적으로 컴퓨터 과학과 인공 지능의 개념을 만든 사람입니다. 이런 업적을 기려 컴퓨터의 노벨상인 튜링상을 만들었습니다. 튜링상은 1966년부터 매년 최고의 컴퓨터 과학자들에게 주어지고 있습니다.

승현 박사님! 저도 튜링처럼 생각하고 열심히 연구하면 훌륭한 인공 지능 과학자로 성장할 수 있을까요?

박사님 물론이죠. 열심히 공부하고 연구한다면 승현이도 한국인 최초의 튜링상 수상자가 될 수 있을 것입니다.

2 인공 지능 체험하기

이미 여러분은 주변에서 인공 지능을 경험해 봤거나 이야기 들어본 적이 있을 거예요. 집에서 날씨 등을 물어보면 대답해 주는 인공 지능 스피커, 로봇 청소기처럼 스스로 판단하여 움직이는 로봇, 스스로 운전하는 자율 주행 자동차 등 아주 많아요. 2018년 평창 동계 올림픽에서는 아주 많은 드론이 하늘에 다양한 이미지를 그려 주기도 했어요.

이런 모든 것들이 인공 지능과 관련 있답니다.

1. 인공 지능으로 번역해 보기

영어로 인사를 하고 싶을 때 뭐라고 할지 모르면 어떻게 할까요? 우리가 영어를 모르면 말을 하지 못했지만, 요즘은 네이버의 **파파고**나 구글(Google)의 **구글 번역**같은 것을 사용하면 쉽게 알 수 있어요. 인공 지능으로 번역을 해 주기 때문이에요. 그럼 한 번 우리도 사용해 볼까요?

(1) 먼저 파파고를 사용하여 한글을 영어로 바꿔 봐요.

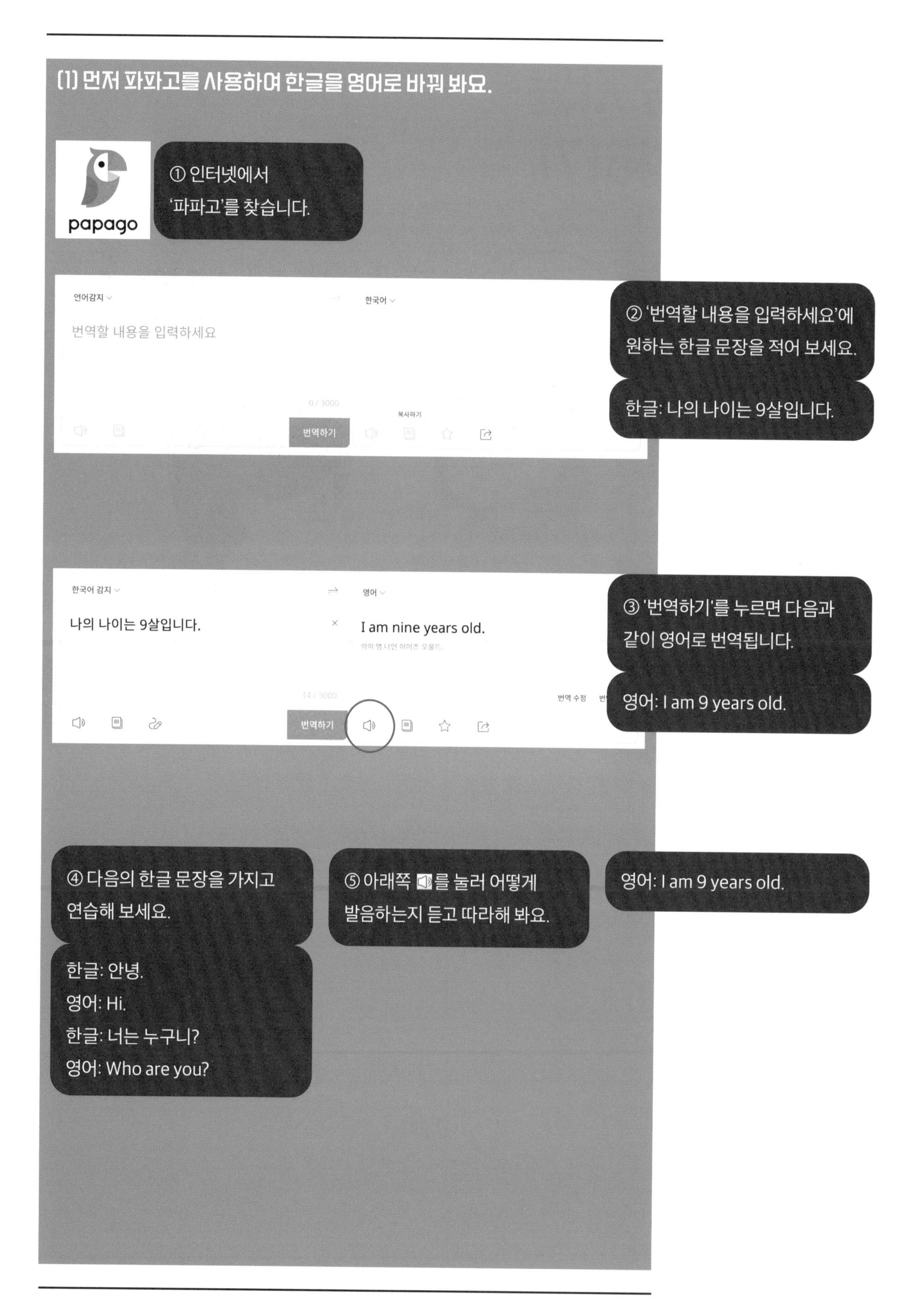

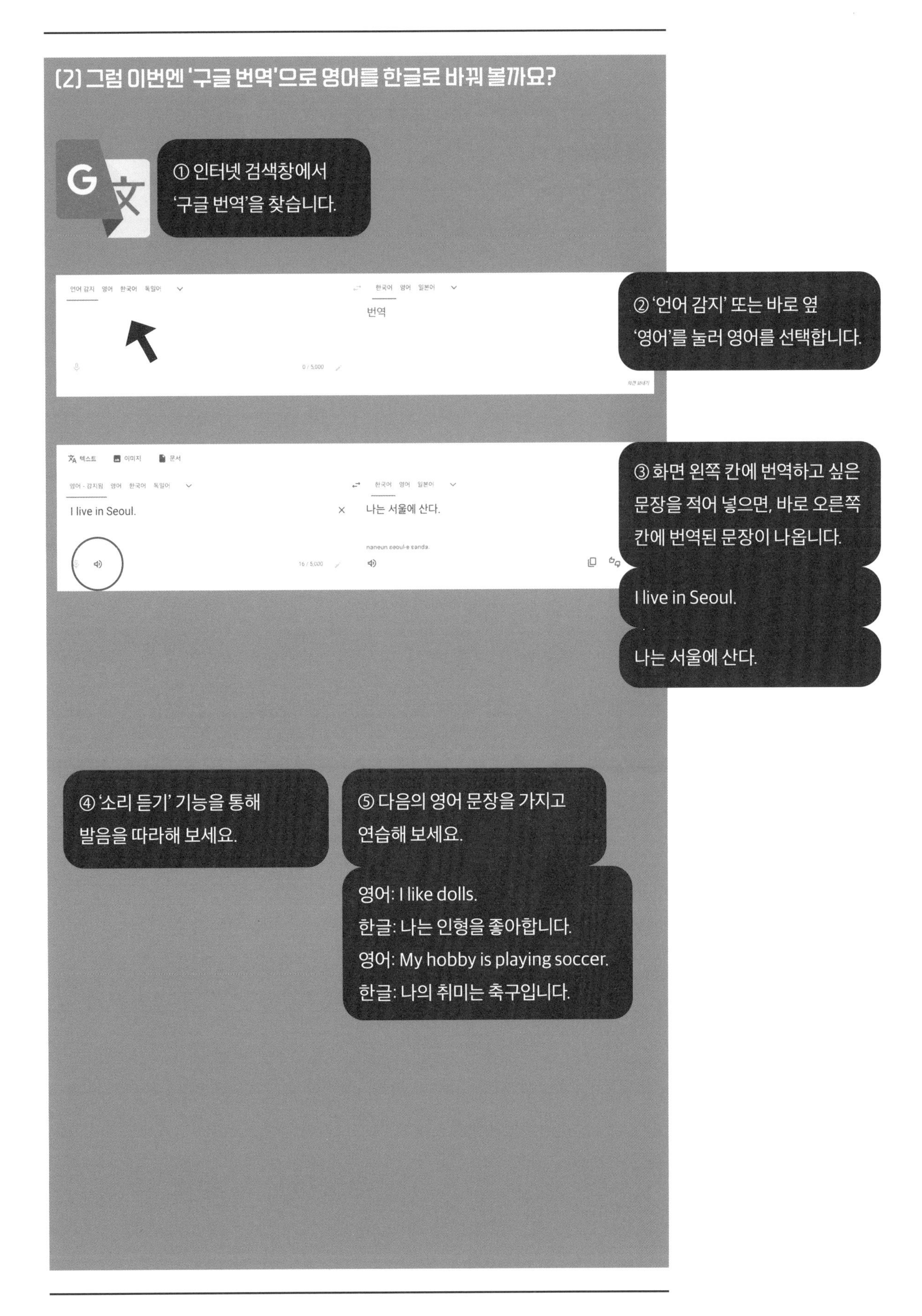
(2) 그럼 이번엔 '구글 번역'으로 영어를 한글로 바꿔 볼까요?
① 인터넷 검색창에서 '구글 번역'을 찾습니다.
번역
② '언어 감지' 또는 바로 옆 '영어'를 눌러 영어를 선택합니다.
I live in Seoul.
나는 서울에 산다.
③ 화면 왼쪽 칸에 번역하고 싶은 문장을 적어 넣으면, 바로 오른쪽 칸에 번역된 문장이 나옵니다.
I live in Seoul.
나는 서울에 산다.
④ '소리 듣기' 기능을 통해 발음을 따라해 보세요.
⑤ 다음의 영어 문장을 가지고 연습해 보세요.
영어: I like dolls.
한글: 나는 인형을 좋아합니다.
영어: My hobby is playing soccer.
한글: 나의 취미는 축구입니다.

2. 인공 지능 비서 체험하기

스마트폰을 사용하여 인공 지능 비서한테 원하는 도움이나 정보를 얻을 수 있답니다. 구글에서 만든 **구글 어시스턴트** 앱(App)은 튜링 테스트를 통과한 인공 지능 비서예요.

스마트폰 구글 플레이 스토어나 앱스토어에서 '구글 어시스턴트'를 내려받아 사용해 봅시다.

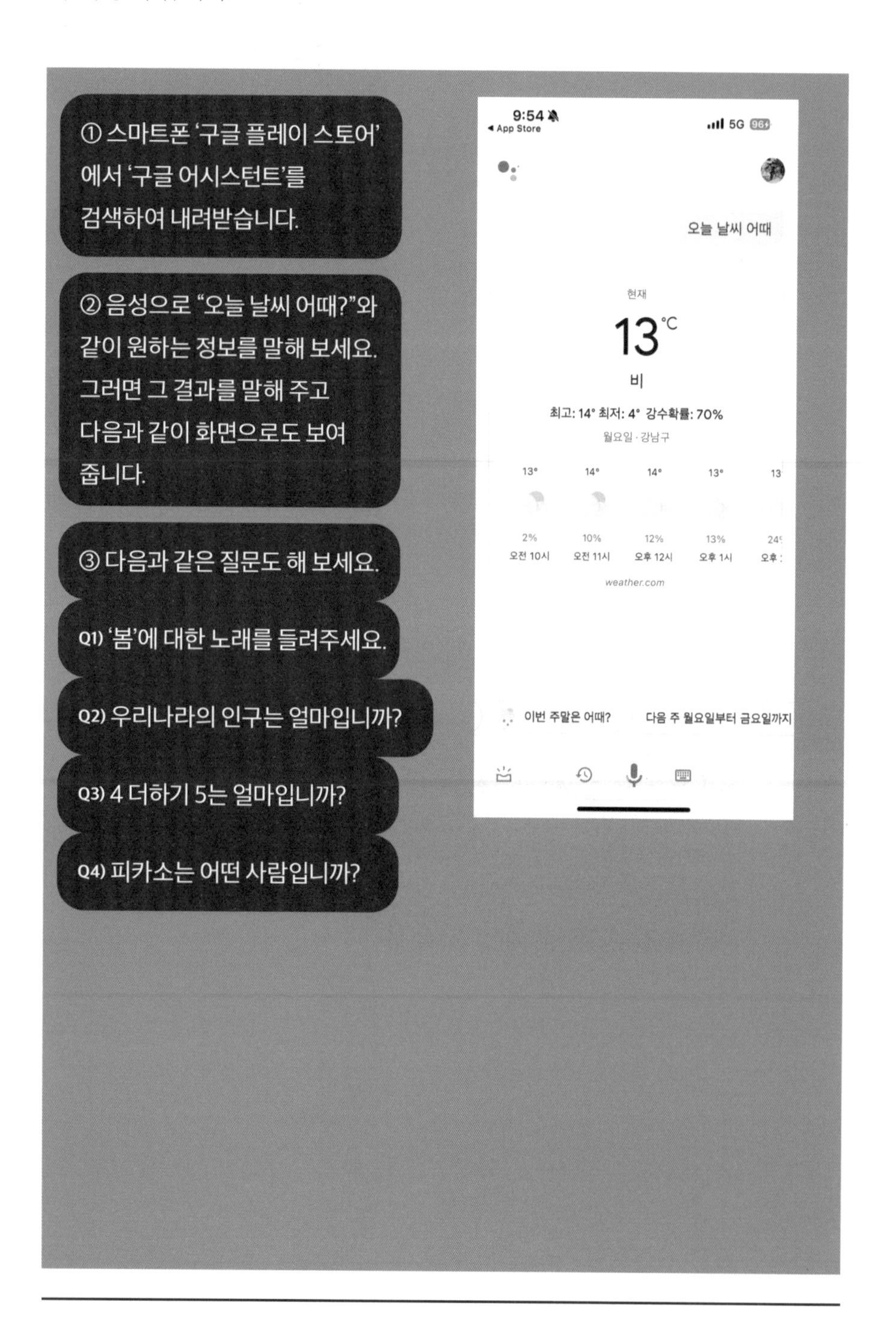

3. 여러 가지 인공 지능 비서 알아보기

여러분 주변에서 인공 지능 비서를 찾아봐요. 챗GPT, 달리 등 많은 인공 지능 비서들이 있답니다.

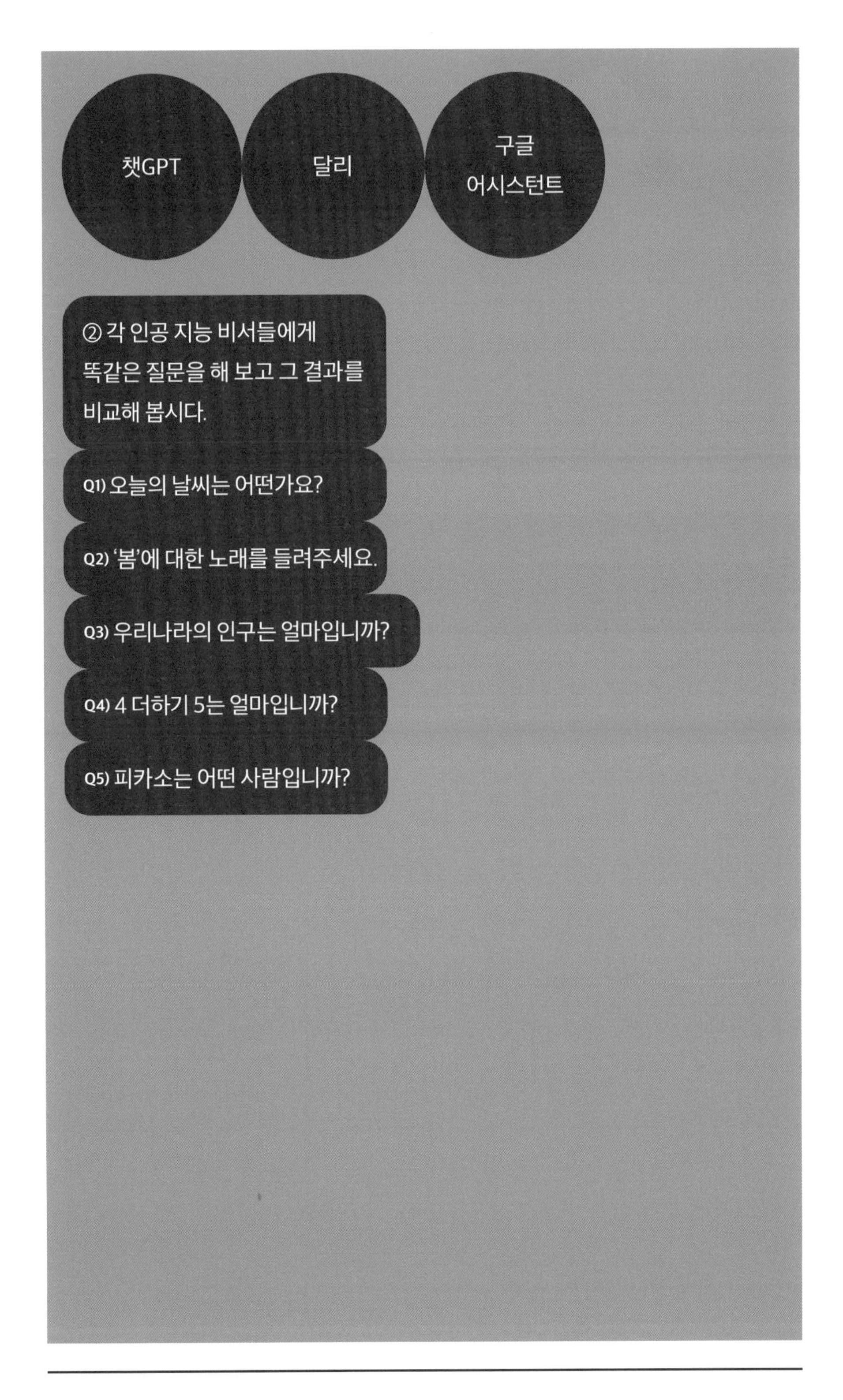

사고력과 창의력 키우기

사람이 다른 동물들과 다른 점은, 창의적으로 생각하고 새로운 도구를 만들어 사용할 줄 안다는 것입니다. 인공 지능을 활용한 도구, 즉 인공 지능 도구를 만들면 우리의 일상 생활이 좀 더 편리해질 겁니다.

① 여러분은 어떤 인공 지능 도구를 만들고 싶은지 말해 보세요.
그리고 그 이유는 무엇인가요?

② 우리 집에서 인공 지능은 어디에 사용할 수 있을까요?

③ 인공 지능 도구들을 사용했을 때 우리에게 좋은 점과 나쁜 점을 이야기해 봅시다.

④ 여러분이 사용하는 스마트폰은 앞으로 어떻게 바뀔까요?

⑤ 앞으로 인공 지능은 어떻게 발전할까요?

■활동 1 튜링 테스트 실험해 보기

세 사람이 한 모둠이 됩니다. 예를 들어, 엄마, 아빠, 나 세 명이 있다고 가정합니다. 엄마는 사람 역할을, 아빠는 컴퓨터 역할을 한다고 가정하고, 엄마와 아빠만 서로 역할을 알고 나는 모른다고 가정합니다. 내가 다음과 같은 여러 가지 질문을 한 후에 엄마와 아빠 중에 누가 컴퓨터인지 알아보는 것입니다.

이렇게 많은 질문을 합니다.

질문이 끝난 후에 다음과 같이 판정할 수 있습니다. 만약 내가 컴퓨터 역할을 한 사람을 정확하게 알아내면 그 사람은 인공 지능 컴퓨터가 아닙니다. 내가 컴퓨터 역할을 한 사람을 알아채지 못했다면 컴퓨터 역할을 한 사람은 인공 지능 컴퓨터가 되는 것입니다.

■ 활동 2 리습 언어 흉내 내기

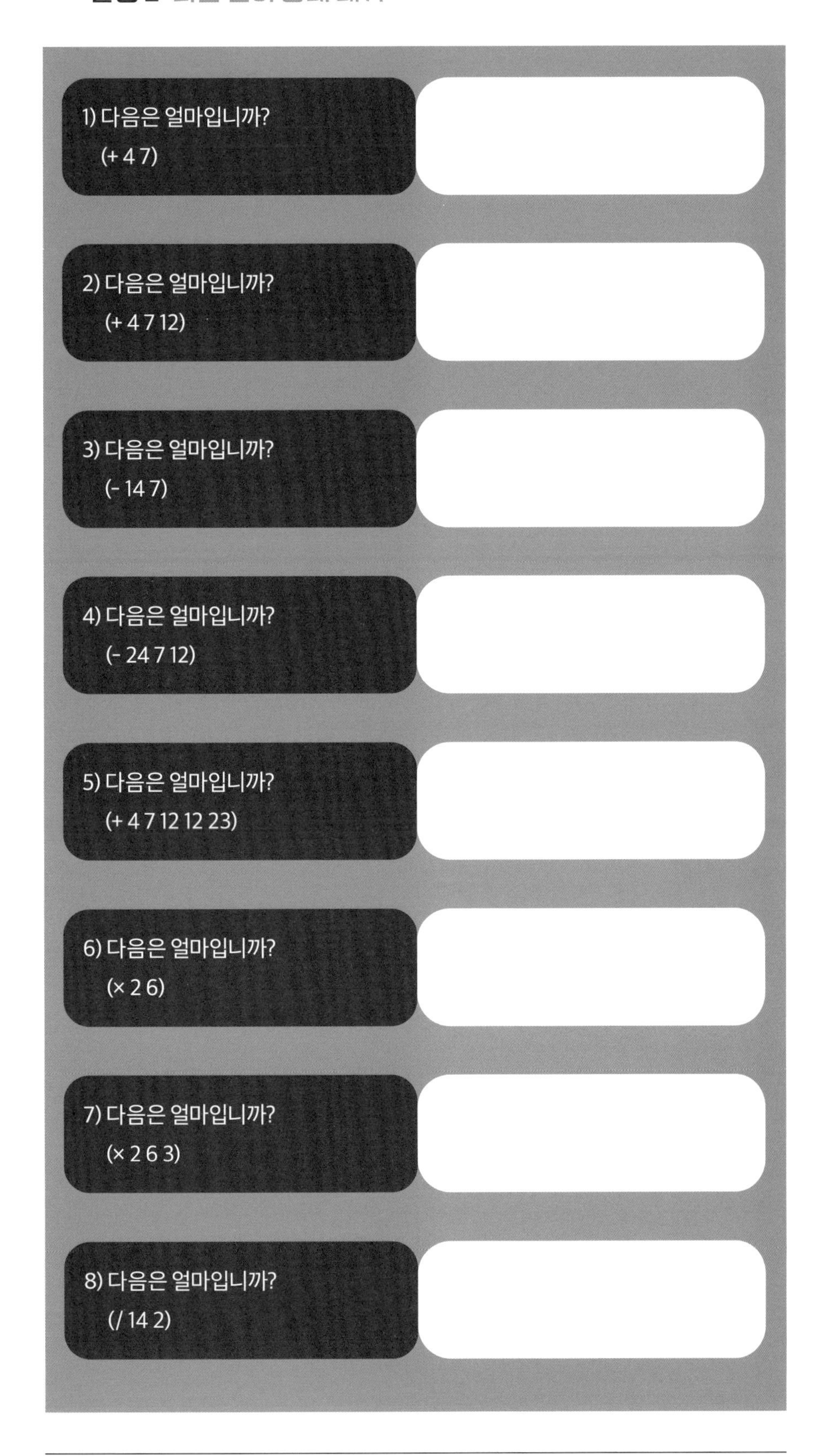

■활동 3 언어 번역기 사용해 보기

언어 자동 인식 기능 활용하기

'구글 렌즈'나 '구글 어시스턴트', '구글 번역'의 카메라 기능 등을 활용해 여러 가지 언어를 번역해 봅시다.

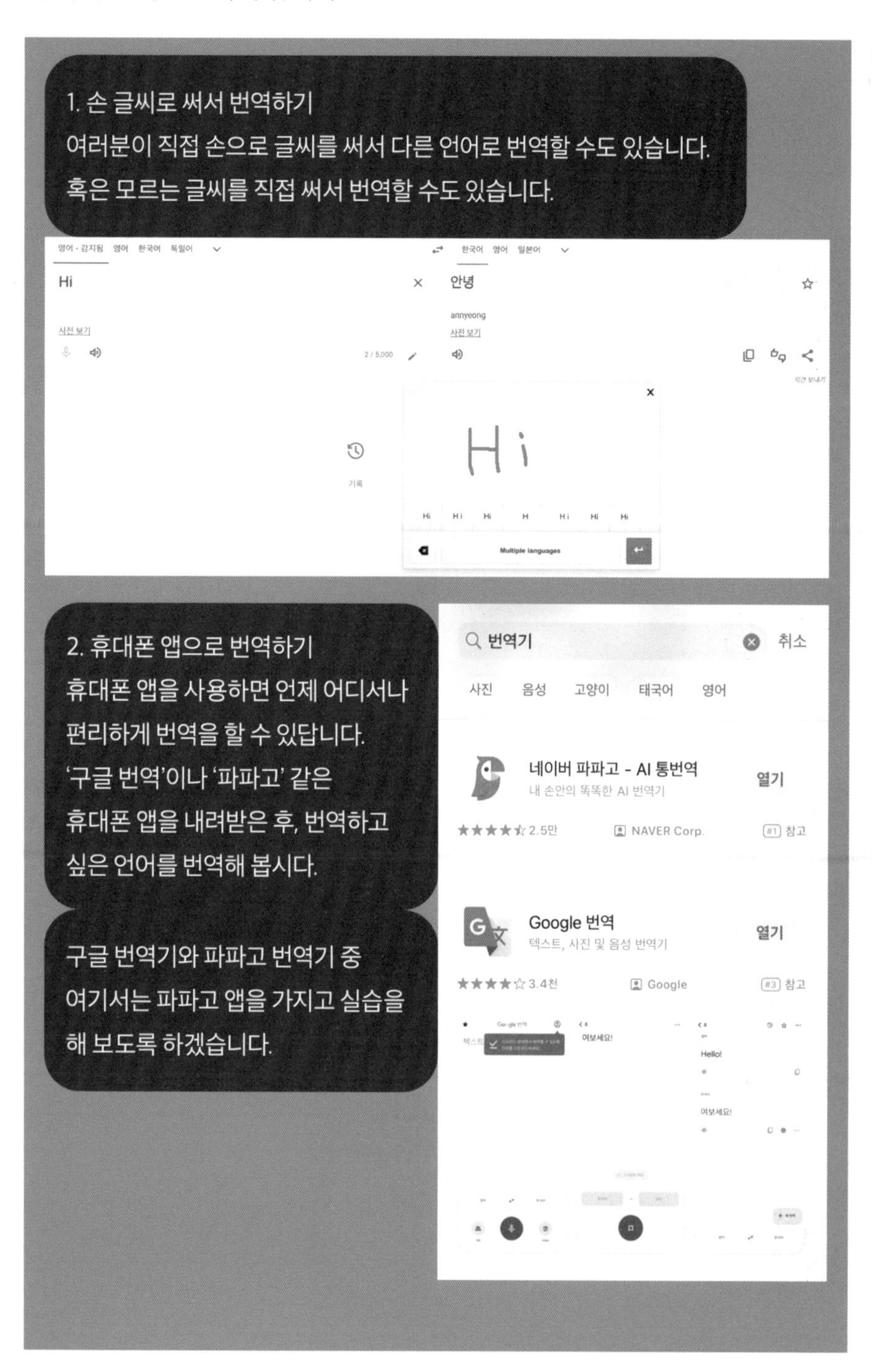

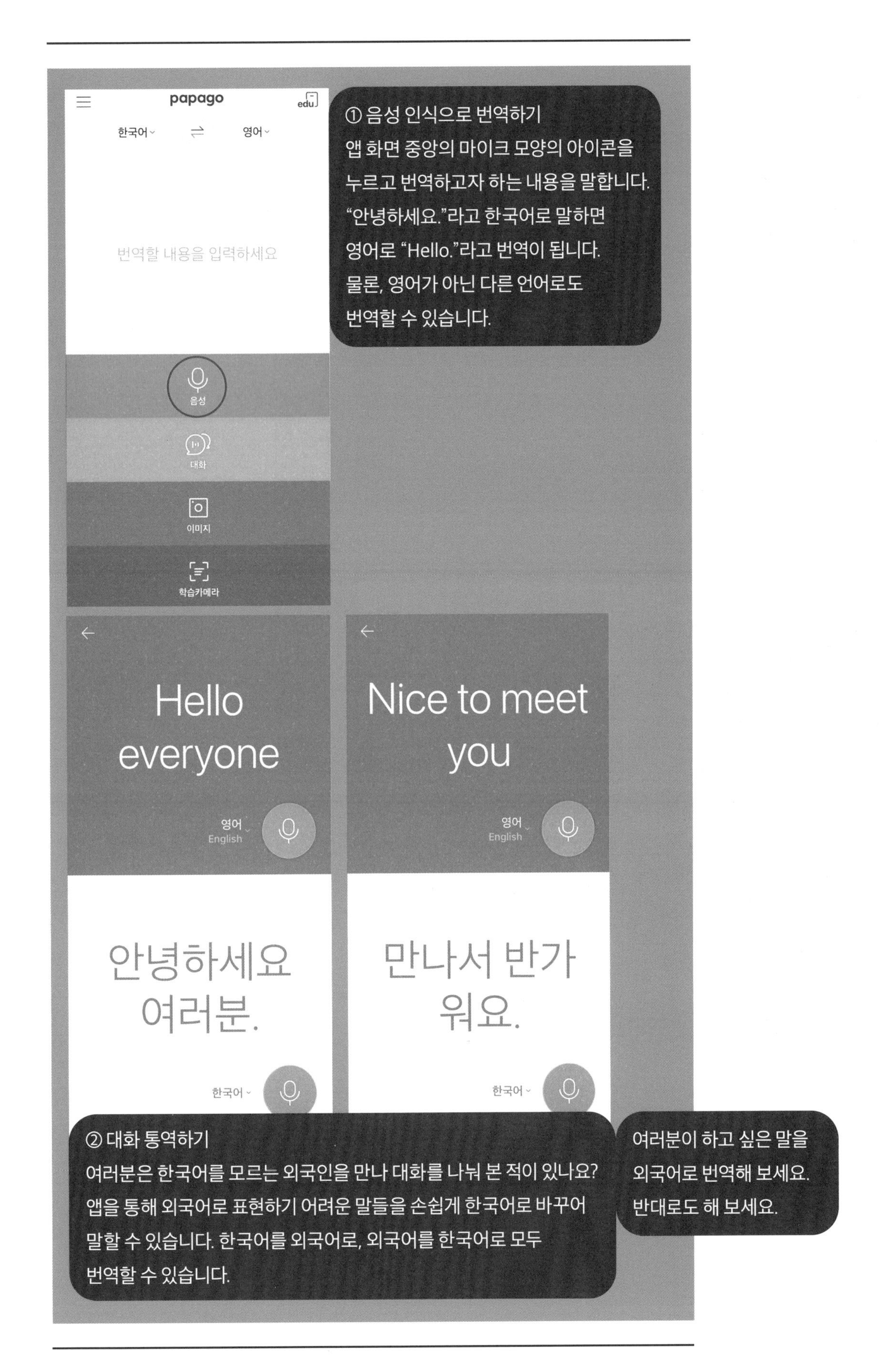
papago
edu
한국어
영어
번역할 내용을 입력하세요
음성
대화
이미지
학습카메라
① 음성 인식으로 번역하기
앱 화면 중앙의 마이크 모양의 아이콘을
누르고 번역하고자 하는 내용을 말합니다.
"안녕하세요."라고 한국어로 말하면
영어로 "Hello."라고 번역이 됩니다.
물론, 영어가 아닌 다른 언어로도
번역할 수 있습니다.
Hello everyone
영어
English
안녕하세요 여러분.
한국어
Nice to meet you
영어
English
만나서 반가워요.
한국어
② 대화 통역하기
여러분은 한국어를 모르는 외국인을 만나 대화를 나눠 본 적이 있나요?
앱을 통해 외국어로 표현하기 어려운 말들을 손쉽게 한국어로 바꾸어
말할 수 있습니다. 한국어를 외국어로, 외국어를 한국어로 모두
번역할 수 있습니다.
여러분이 하고 싶은 말을
외국어로 번역해 보세요.
반대로도 해 보세요.

③ 이미지 번역하기

혹시 외국어로 된 간판이나 메뉴판을 읽지 못해서 어려움을 겪은 적은 없나요? 다문화 거리나 외국으로 여행을 갔을 때 원하는 간판 등을 사진으로 찍어 곧바로 번역해 볼 수 있답니다.

먼저 네이버 파파고 번역기를 사용하여 영어로 된 한 동화책의 표지가 어떻게 번역되는지 살펴보겠습니다.

우선 영어 동화책 표지를 사진 찍습니다.

그러면 앱에서 "텍스트를 문지르세요."라는 문구가 나옵니다. 이제 손가락으로 글씨 부분을 문질러 줍니다.

그러면 그 부분이 번역되어 나옵니다. 번역이 자연스럽지 못하다면 다른 번역기를 사용해 봅시다.

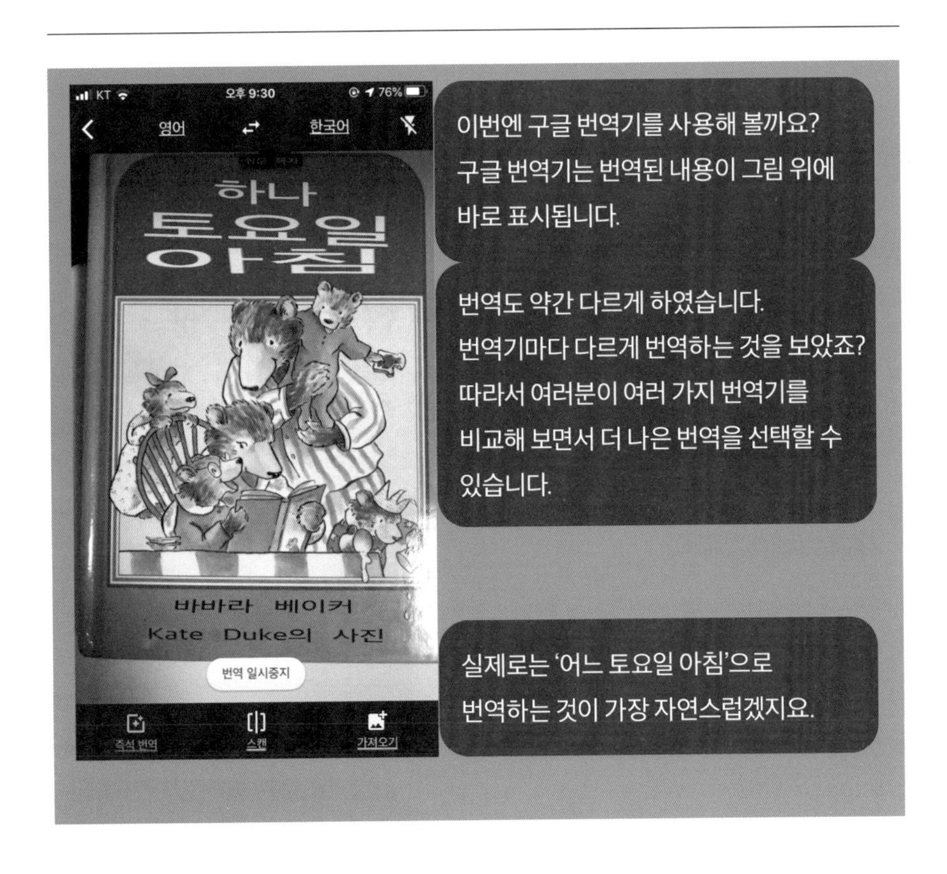
KT
오후 9:30
76%
영어
한국어
하나
토요일
아침
바바라 베이커
Kate Duke의 사진
번역 일시중지
즉석 번역
스캔
가져오기
이번엔 구글 번역기를 사용해 볼까요?
구글 번역기는 번역된 내용이 그림 위에
바로 표시됩니다.
번역도 약간 다르게 하였습니다.
번역기마다 다르게 번역하는 것을 보았죠?
따라서 여러분이 여러 가지 번역기를
비교해 보면서 더 나은 번역을 선택할 수
있습니다.
실제로는 '어느 토요일 아침'으로
번역하는 것이 가장 자연스럽겠지요.

■ 활동 4 인공 지능으로 그림 그리기

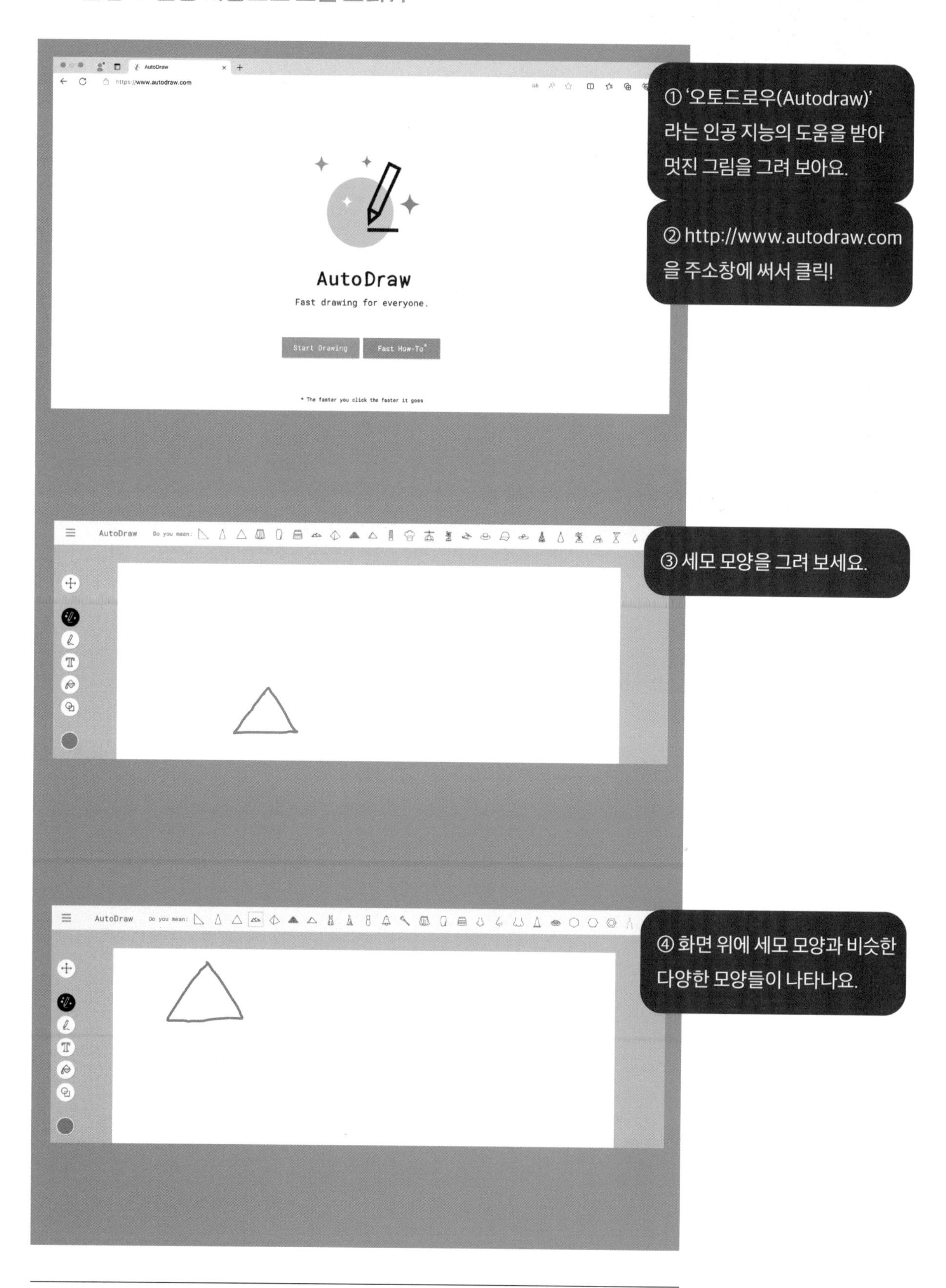

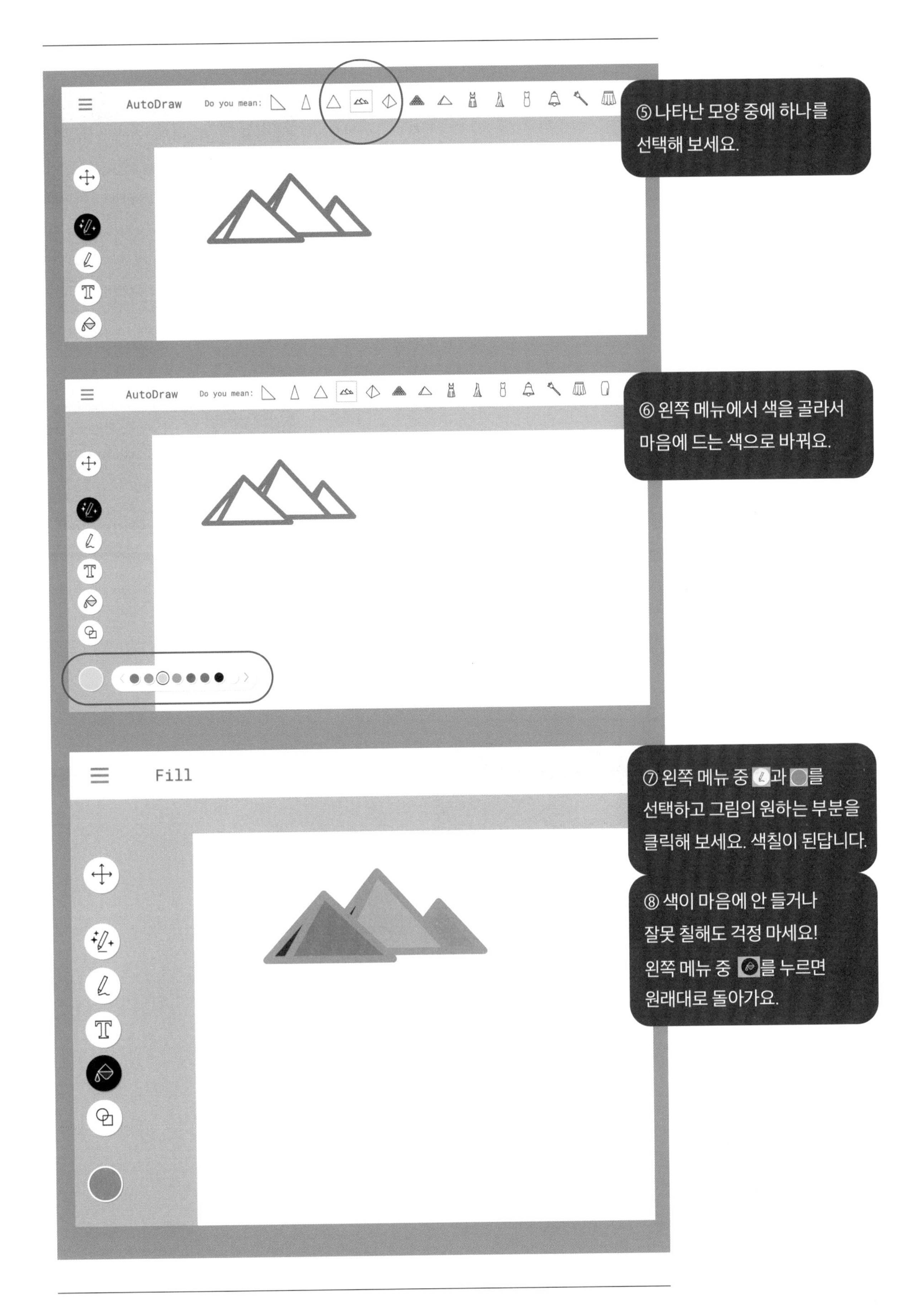
AutoDraw
Do you mean:
⑤ 나타난 모양 중에 하나를 선택해 보세요.
AutoDraw
Do you mean:
⑥ 왼쪽 메뉴에서 색을 골라서 마음에 드는 색으로 바꿔요.
Fill
⑦ 왼쪽 메뉴 중 과 를 선택하고 그림의 원하는 부분을 클릭해 보세요. 색칠이 된답니다.
⑧ 색이 마음에 안 들거나 잘못 칠해도 걱정 마세요! 왼쪽 메뉴 중 를 누르면 원래대로 돌아가요.

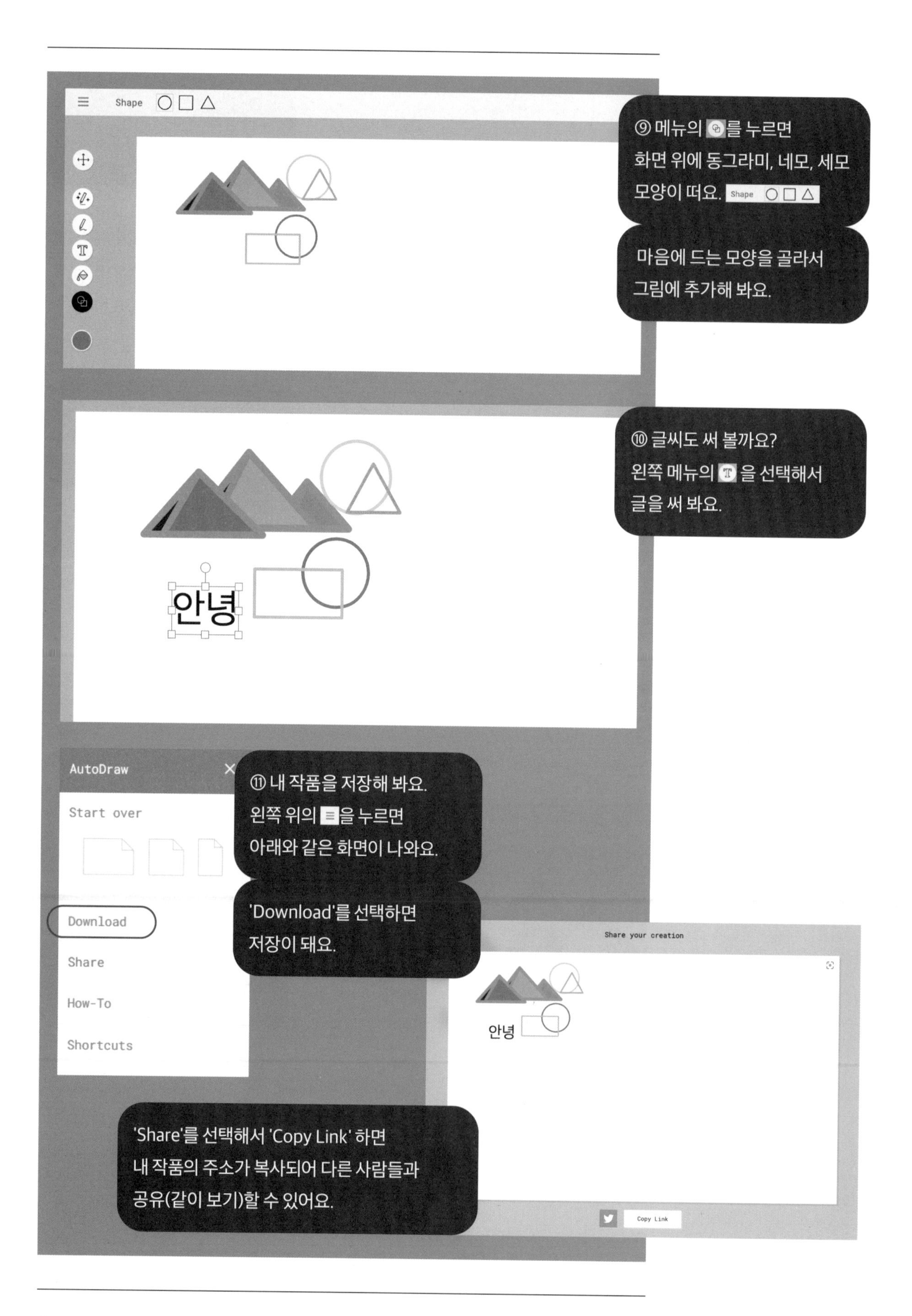
Shape
⑨ 메뉴의 를 누르면
화면 위에 동그라미, 네모, 세모
모양이 떠요.
Shape
마음에 드는 모양을 골라서
그림에 추가해 봐요.
⑩ 글씨도 써 볼까요?
왼쪽 메뉴의 을 선택해서
글을 써 봐요.
안녕
AutoDraw
Start over
Download
Share
How-To
Shortcuts
⑪ 내 작품을 저장해 봐요.
왼쪽 위의 을 누르면
아래와 같은 화면이 나와요.
'Download'를 선택하면
저장이 돼요.
Share your creation
안녕
Copy Link
'Share'를 선택해서 'Copy Link' 하면
내 작품의 주소가 복사되어 다른 사람들과
공유(같이 보기)할 수 있어요.

2부

나는 데이터 생활을 합니다

1 지식, 정보, 그리고 데이터란 무엇일까요?

1. 지식, 정보, 그리고 데이터란 무엇일까요?

박사님 소연이, 승현이, 모두 반가워요! 오늘은 데이터, 정보. 지식에 대해 알아볼 것인데, 승현이는 데이터, 정보, 지식이 무엇이라고 생각하나요?

승현 흠, 뉴스나 인터넷에서 데이터, 정보, 지식이란 말은 많이 들었는데, 정확히 말하려니까 어려워요, 박사님! 데이터는 휴대폰의 데이터 용량이니까 인터넷을 사용할 수 있는 시간도 될 것 같아요.

박사님 아하, 휴대폰 데이터가 여러분에게는 익숙한 말이겠군요. 오늘 데이터, 지식, 정보에 대해서 제대로 알아보도록 하겠습니다. 자, 여러분이 학교에 가기 전에 부모님께서 텔레비전이나 인터넷으로 뉴스를 보고 어떤 이야기를 하시나요? 소연이가 말해 볼까요?

소연 우리 부모님은 아침에 텔레비전이나 라디오에서 뉴스나 날씨 예보를 많이 들으세요. 그리고 제게 이렇게 말씀하시죠.

"오늘 비가 오니 우산을 가져가야 해."

"오늘 날씨가 따뜻하니 얇은 옷을 입어도 될 것 같아."

"오늘 춥지는 않지만 바람이 많이 부니까 점퍼를 입으렴."

박사님 그러면 엄마 아빠가 말한 "오늘 날씨가 따뜻하니까 얇은 옷을 입어도 된다."는 데이터, 지식, 정보 중 무엇일까요? 승현이가 이야기해 볼까요?

승현 데이터, 지식, 정보 등이 조금 헷갈리지만 제 생각에는 지식 같아요.

박사님 와, 잘 맞혔습니다. 소연이도 그렇게 생각하였나요? 그러면 왜 지식이라고 생각했는지 소연이가 이야기해 볼까요?

소연 저도 이유는 잘 모르겠어요. 박사님이 자세히 알려주세요!

박사님 그래도 승현이, 소연이 두 사람 모두 지식이라고 생각하다니 대단한데요? 인공 지능 시대를 훌륭하게 살아갈 사람이란 생각이 듭니다. 이제부터 지식을 예를 들어 자세히 설명해 보겠습니다.

인공 지능 시대는 지식이 아주 많이 필요한 시대입니다. 지식이란 정보를 모아서 결정할 수 있는 능력을 말합니다. 부모님은 오늘 날씨가 따뜻하다는 정보를 일기 예보에서 듣고, 여러분이 학교에 갈 때 옷을 가볍게 입어도 된다는 결정을 할 수 있는 지식이 있습니다. 또는 오늘 비가 온다는 정보를 듣고, 우산을 가져가야 한다는 지식을 가지고 있습니다. 날씨에 대한 정보가 없으면 이런 결정을 할 수가 없지요. 자 이제 지식이 무엇인지 조금 이해가 되었지요?

승현 네! 정보를 모은다는 말을 들은 적이 있어요!

박사님 와! 맞아요, 모으는 것을 '수집'이라고 하고, 생각하여 결정하는 것을 '판단'이라고 해요. 그래서 **지식은 정보를 수집하여 판단하는 것**이라고 할 수 있어요.

소연 네, 잘 이해되었어요. 박사

님! 그러면 정보는 무엇인가요?

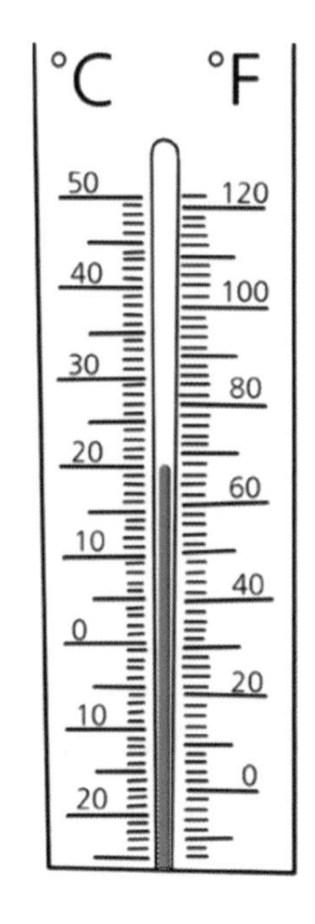

박사님 좋은 질문입니다. 정보를 수집해서 판단하는 것이 지식이라고 했습니다. 어떤 옷을 입을지 정하는 지식은 그날 날씨에 따라 달라집니다. 우리 친구들은 일기 예보를 본 적이 있나요?

승현 네! 아침마다 뉴스에서 일기 예보를 봐요.

박사님 거기에서 들었던 것을 아무거나 말해 볼까요?

승현 오늘 몇 도라고 나왔어요.

소연 예전에 바람이 세게 불고 비가 온다는 말을 들었어요.

박사님 그래요. 여러분이 들은 것처럼 날씨 정보는 온도, 바람, 비 예보와 같이 다양한 정보로 이루어져 있어요. 여기서는 기온, 즉 공기의 따뜻하고 차가운 정도 정보만 생각해 봐요. "오늘 기온은 영상 20도이다.", "영하 5도이다."와 같은 것이 바로 기온 정보예요. 사람들은 기온이 영상 20도보다 높으면 따뜻하다는 것을 느껴 보았기 때문에 이미 알고 있어요. 이것이 바로 지식입니다. 물론 옷을 입을 때에는 기온 정보와 함께 바람이나 비 예보 정보도 생각한다면 더 좋은 지식이 될 수 있습니다.

소연 아하! 그럼 옷 입을 때 기온, 바람, 비 예보, 그리고 내가 갈 장소도 생각한다면 옷을 입는 데 더 좋은 지식이겠네요?

박사님 맞아요! 소연이 학생이 한 말이 정확합니다.

소연 정보를 수집하여 판단하는 것이 지식이라고 말씀하신 이유를 이제 잘 알게 되었어요. 그런데 아직도 데이터에 대해서는 말씀해 주지 않으셨는데, 데이터가 무엇인지 궁금해요.

박사님 데이터도 이미 이야기한 것이나 다름이 없습니다. 앞에서 설명한 것을 다시 한번 생각해 봅시다. 날씨 정보를 이야기하면서 기온 정보를 설명했습니다. 기온이 20도보다 높으면 따뜻하니 옷을 얇게 입어야겠다고 판단하는 것이 지식이라고 하였습니다. 즉 온도 정보를 이용해 옷을 입는 지식을 만드는 것입니다. 여기서 **섭씨 20도**라는 숫자가 바로 **데이터**입니다. 우리는 온도계를 사용하여 온도를 재는데, 그 눈금의 값이 바로 데이터가 됩니다.

승현 그러니까, "온도가 섭씨 20도보다 높으면 따뜻한 옷을 입는다."는 것은

지식이고, "온도가 섭씨 20도"라는 것은 **정보**이고, "20"이라는 숫자는 **데이터**라는 것이죠?

2. 신호등에서 지식, 정보 그리고 데이터를 찾아보아요!

박사님 승현이가 아주 잘 정리해서 말했군요. 그러면 소연이가 다른 예를 한 번 들어 볼까요?

소연 음, 건널목을 건널 때, 신호등의 초록불 숫자가 5보다 작으면 위험하니까 건너지 않는다! 이것도 지식이 되겠네요?

박사님 네, 매우 좋은 예를 들었습니다. 신호등의 초록불 숫자가 5보다 작으면 길을 건너다 중간에 빨간불이 들어올 수 있기 때문에 건너지 않는 것입니다. 이 지식에는 시간이라는 정보가 있고, 5라는 데이터가 있습니다. 그런데 소연이는 이것을 어떻게 생각해 냈지요?

소연 학교에 가려면 우리 동네에서 건널목을 건너야 하거든요. 제가 아침에 늦어서 신호등 숫자가 3 남았을 때 급하게 뛰어가다가, 중간에 빨간불로 바뀌어서 찻길 중간에서 무서웠던 적이 있어요. 또 숫자가 4 남았을 때는 몇 발자국 더 갈 수 있지만 사고가 날 뻔했고요. 숫자가 5 남았을 때는 거의 다 건널 수 있었지만 건너자마자 빨간불이 되었어요. 그다음부터는 신호등 초록불 숫자가

5보다 작을 때는 절대 건널목을 건너지 않고 다음 신호등을 기다려 안전하게 건너요.

승현 박사님! 신호등 이야기를 하니까 생각났어요. 저는 건널목을 건널 때 신호등 숫자에 따라 걷는 속도가 달라져요. 신호등 숫자가 10보다 크면 평소대로 걷고, 6과 10 사이이면 빠르게 걷고, 또 5보다 작으면 건너지 않아요.

박사님 아주 좋은 생각입니다. 그러면 도로가 넓어서 건널목이 길 때는 어떻게 하면 될까요?

소연 도로가 넓으면 좁은 도로보다 시간이 더 많이 필요할 것 같아요. 신호등 숫자가 10보다 작으면 위험하니까 건너지 말고 기다리고, 그보다 더 크면 안심하고 건널 수 있을 것 같아요.

승현 그런데, 우리 형은 좁은 도로에서 신호등 숫자가 4인데도 충분히 건너요. 그래서 형과 같이 건널 때는 너무 빨리 건너서 숨이 차고 힘들어요.

박사님 그랬군요. 승현이는 왜 형이 뛰어서 건너려고 할까 생각해 보았나요?

승현 형은 저보다 훨씬 커서 숫자가 4라도 충분히 건널 수 있고, 저는 그렇지 못한 것 같아요.

박사님 잘 설명했습니다. 그러면 반대로 여러분이 어린 동생을 데리고 건널목을 건널 때에는 어떻게 해야 할까요?

소연 신호등 숫자가 5보다 작으면 건너지 말아야 할 것 같아요. 제 동생은

5살이니까 숫자가 7 정도여야 충분히 건널 수 있을 것 같아요.

박사님 맞습니다. 여러분이 지금 건널목에서의 경험을 통해 안전하게 건너는 데에 필요한 시간을 알게 된 것처럼, 지식은 경험을 통해 정보를 모아서 만들어집니다. 사람이 컴퓨터와 다른 점은 바로 이렇게 사람은 직접 경험을 통해서 지식을 얻을 수 있다는 점입니다. 그럼 컴퓨터는 어떻게 지식을 얻을까요?

소연 음……, 잘 모르겠어요. 우리가 알려주지 않으면 모를 것 같아요!

박사님 소연이, 맞아요. 컴퓨터는 사람이 알려준 데이터로 경험을 하고 지식을 얻습니다.

승현 박사님! 요즘 인공 지능 컴퓨터 이야기를 많이 들었는데요, 그럼 인공 지능 컴퓨터도 직접 경험은 하지 않았지만 사람이 알려준 데이터로 경험을 하는 것인가요?

박사님 네, 승현이가 아주 잘 이야기하였습니다. 인공 지능은 사람의 경험을 모아서 스스로 판단하는 것입니다. 소연이와 승현이가 건널목을 건널 때 신호등을 보고 판단했던 경험을 컴퓨터에게 알려주면, 그 컴퓨터는 건널목을 안전하게 건널 수 있는 인공 지능 컴퓨터라고 할 수 있겠지요.

3. 얼굴 모습에서 지식, 정보, 그리고 데이터를 찾아보아요!

승현 박사님! 엄마, 아빠의 얼굴의 웃는 모습을 보고 '우리 가족이 오늘도 행복하겠구나.' 하고 판단하는 것도 지식이 되나요?

박사님 물론이지요. 매우 좋은 지식입니다. 여기서 정보는 무엇일까요?

소연 엄마 아빠의 얼굴 모습이 정보 아닐까요, 박사님?

박사님 그렇죠. 얼굴 모습이 바로 정보입니다. 그러면 데이터는 무엇일까요?

승현 음……, 웃는 모습이 아닐까요?

박사님 아주 잘 답하였습니다. 얼굴 모습, 즉 표정의 데이터는 '웃는 모습'입니다. 이처럼 숫자뿐만 아니라 그림이나 사진도 데이터가 될 수 있고, 글자도 데이터가 될 수 있습니다.

소연 그러면, 숫자나 그림과 사진, 문자 등이 데이터가 될 수 있는 건가요?

박사님 네, 그렇습니다. 숫자 그 자체는 데이터라는 것을 쉽게 알 수 있지만, 문자나 그림, 사진 등도 데이터가 될 수 있다는 것을 알아야 합니다. 정리하면, 데이터는 숫자나 문자 그 자체입니다. 이제, 데이터, 정보, 지식이 무엇인지 이해가 되나요?

소연 예 박사님! 그래도 한번 정리해 주세요.

박사님 정리해 볼게요. 우리 주변에서는 지금도 많은 데이터가 만들어지고 있습니다. 이 데이터에 어떤 의미가 주어지면 정보가 됩니다. 정보를 수집하여 판단할 수 있는 기준을 만드는 것이 지식입니다. 이 지식을 지금까지는 사람이 만들고 판단하였는데, 사람의 역할을 컴퓨터가 대신하는 것이 바로 인공 지능입니다.

2 데이터, 정보, 지식 체험하기

1. 날씨 예보

텔레비전이나 라디오 대신, 직접 인터넷 사이트나 스마트폰 검색창에서 오늘의 날씨에 대한 데이터, 정보, 지식을 알아봅시다.

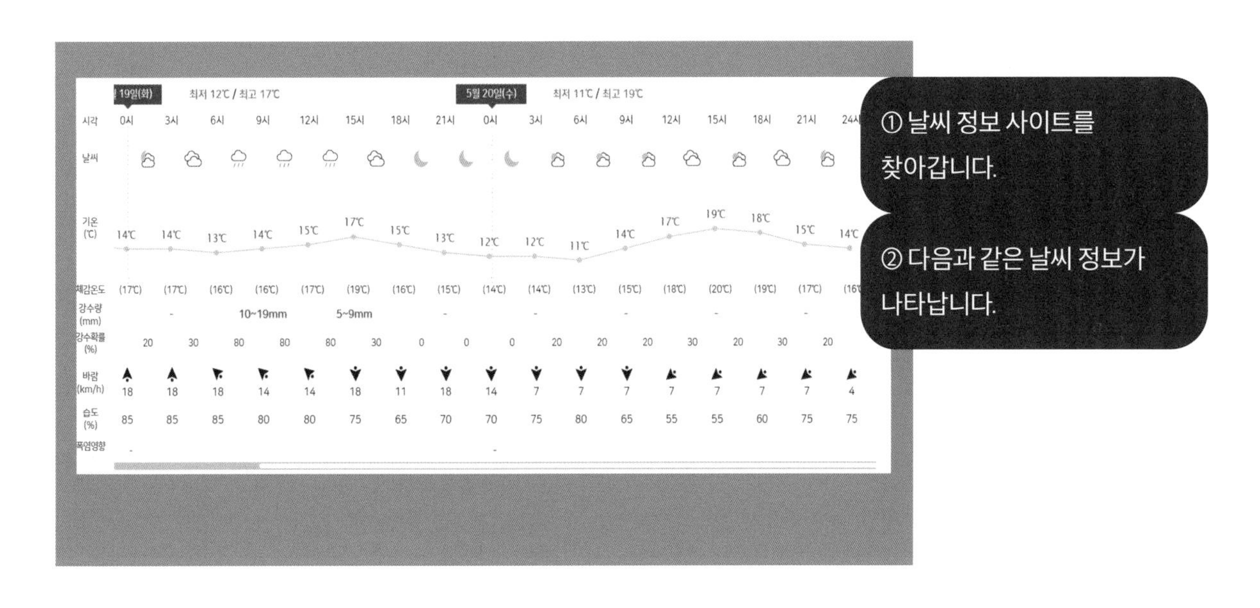

19일(화) 최저 12℃ / 최고 17℃ 5월 20일(수) 최저 11℃ / 최고 19℃

시각	0시	3시	6시	9시	12시	15시	18시	21시	0시	3시	6시	9시	12시	15시	18시	21시	24시
기온 (℃)	14℃	14℃	13℃	14℃	15℃	17℃	15℃	13℃	12℃	12℃	11℃	14℃	17℃	19℃	18℃	15℃	14℃
체감온도	(17℃)	(17℃)	(16℃)	(16℃)	(17℃)	(19℃)	(16℃)	(15℃)	(14℃)	(14℃)	(13℃)	(15℃)	(18℃)	(20℃)	(19℃)	(17℃)	(16℃)
강수량 (mm)		-		10~19mm		5~9mm		-		-		-		-		-	
강수확률 (%)	20	30	80	80	80	30	0	0	0	20	20	20	30	20	30	20	
바람 (km/h)	18	18	18	14	14	18	11	18	14	7	7	7	7	7	7	7	4
습도 (%)	85	85	85	80	80	75	65	70	70	75	80	65	55	55	60	75	75
폭염영향	-								-								

1) 날씨 정보에는 어떤 종류의 정보가 들어 있는지 이야기해 봅시다.

2) 날씨 정보에서 '숫자 데이터'는 어떤 것들이 있나요?

3) 날씨 정보에서 '그림 또는 사진 데이터'는 어떤 것들이 있나요?

4) 앞의 날씨 정보에서 어떤 '지식'이 만들어질 수 있을지 말해 봅시다.

2. 기차 시간표 체험하기

사고력과 창의력 키우기

날씨 예보를 보면 기온 정보뿐만 아니라 비가 내리는 양, 바람, 습도 등 여러 정보가 들어 있는 것을 확인하였습니다. 그렇다면 한 걸음 더 나아가 다음에 대해 생각해 봅시다.

■ 활동 1 기온 데이터를 이용하여 옷 입기 실험해 보기

나는 오로지 기온 정보만으로 오늘 입을 옷을 결정하기로 하였습니다. 내가 사는 곳은 우리나라이기 때문에, 우리나라의 기온에 따라 옷을 다르게 입을 것입니다. 기온은 우리 집 온도계를 매일 보고 알 수도 있고, 인터넷의 날씨 정보나 스마트폰에서는 앞으로의 온도를 예측해서 알려줍니다. 여러 가지 방법으로 우리나라 봄, 여름, 가을, 겨울의 온도를 알아보고 다음을 답해 보세요.

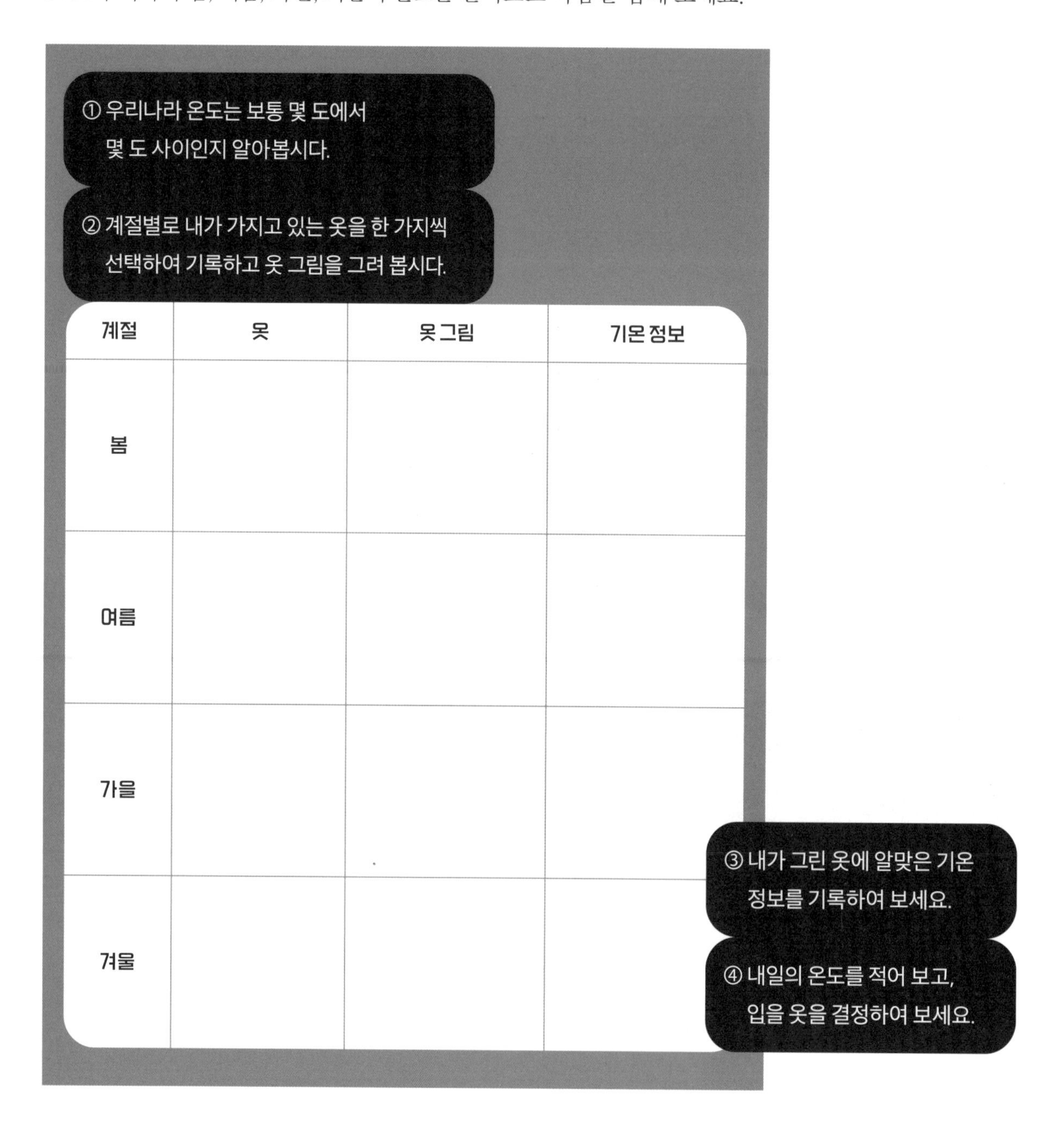

계절	옷	옷 그림	기온 정보
봄			
여름			
가을			
겨울			

■ 활동 2 우리 가족 표정 정보로 지식 만들기

우리 가족 중 나를 포함하여 3명을 선택해 보세요. 그리고 그 가족이 자주 짓는 표정을 생각하며 세 가지씩 표정 정보를 그리고, 표정 정보를 바탕으로 다양한 지식을 만들어 봅시다.

① 우리 가족의 표정을 그려 봅시다.

이름

표정 이름	표정 그리기	이모티콘

이름

표정 이름	표정 그리기	이모티콘

이름

표정 이름	표정 그리기	이모티콘

① 오늘 아침 우리 가족의 표정 정보를 떠올려서 그리거나 적고, 나만의 지식을 만들어 봅시다.

가족	표정 정보	지식

3부

나는 인공 지능 예술가입니다

1 내가 그린 그림, 어떻게 생각해?

1. 왜 그림을 그릴까요?

박사님 여러분은 무엇을 그리나요? 또 무엇을 그려 보고 싶나요?

우리는 꽃이나 집, 엄마 아빠를 그리거나, 꿈속에서 본 공룡을 그리기도 하고, 미래가 어떨까 상상하며 하늘을 나는 자동차를 그리기도 하지요. 혹시 우리 친구들은 눈이 빨갛고 털이 눈처럼 하얀 예쁜 토끼를 보고 열심히 그렸는데, 엄마가 "우리 ○○○, 고양이를 참 잘 그렸구나."라고 말씀하셔서 속상한 적은 없었어요? 또 어쩌다가 종이 위에 물감을 엎질렀는데, 기린 모양이 나와서 깔깔대고 웃은 일은 없었나요? 이렇게 생각지도 못한 그림이 즐거움을 줄 때도 있습니다. 선생님도 이런 게 아주 재미있어요. 그래서 우리 친구들 그림을 보는 게 정말 신이 납니다.

승현 박사님, 화가들은 그림을 많이 그리는데, 무엇을 그려요?

박사님 여러분 미술관에 가 보았나요? 거기 어떤 그림들이 있었나요? 집 그

빈센트 반 고흐의 「별이 빛나는 밤」.

림도 있고, 사람 그림, 꽃 그림도 있고, 또 무엇을 그렸는지 도무지 짐작이 가지 않는 그림들도 있었지요? 화가들도 여러분처럼 집도 그리고 꽃도 그리네요. 우리 친구들 무엇인가 표현하고 싶은 것이 있을 때 그림을 그리지요? 화가들도 그렇답니다. 무언가를 표현하고 싶어서 그림을 그린답니다. 여러분도 화가도 모두 관심이 가는 꽃이나 엄마 아빠, 집, 강아지를 요리조리 뜯어 보고 모양을 따라 그리기도 하고, 색을 칠하기도 하고, 신나거나 속상한 기분을 모양이나 색으로 표현하기도 해요. 또 여러분이 좋아하는 만화처럼 그리기도 해요.

승현 그런데 박사님, 같은 집이나 나무를 그려도 친구들마다 그림이 다 달라요. 똑같은 것은 정말 하나도 없어요.

박사님 같은 풍경을 봐도 우리 친구들마다, 또 화가들마다 그림이 다 다르지요? 왜 그럴까요? 누군가가 그린 그림들을 많이 보다 보면 어떤 때는 처음 보는 그림이지만, 보자마자 "아! ○○○ 그림 같아!" 하고 말할 때가 있지요? 참 신기하죠? 처음 보는데 어떻게 누군가가 바로 떠오를까요? 맞으면 기분이 좋아 깡총깡총 뛰기도 하고, 틀렸을 때는 좀 멋쩍은 기분이 들어서 괜히 뒤통수를 긁적이기도 하지요?

승현 박사님! 제가 텔레비전에서 새가 둥지를 짓는 것을 보았는데요, 어떤 새는 파란색 물건들만 모아서 둥지 주변을 꾸미고 있었어요. 그걸 보고 정말 놀랐는데요, 그림을 그리는 동물은 없을까요?

박사님 사람이 아닌 동물도 그림을 그릴 것이라는 승현이의 생각이 정말 독창적이네요. 우리는 장난꾸러기 고양이나 꾀보 쥐가 자기 몸집보다 큰 붓을 멋지게 휘둘러 그림을 그리는 장면을 본 적이 있지요. 바로 만화 영화에서입니다. 또한 훈련받은 코끼리나 원숭이가 붓에 물감을 묻혀서 그림을 그리는 것을 본 적이 있을 거예요. 하지만 그림을 그린 코끼리와 원숭이가 정말 그림 그리기를 즐기는지, 그림을 감상하는지는 알 수가 없습니다. 훈련받지 않았다면 그림이 무엇인지, 어떻게 그리는 것인지 알 수 없었을 거예요.

레오나르도 다 빈치의 스케치.

알브레히트 뒤러의 토끼 그림.

승현 박사님! 그럼 그림 그리는 방법을 배우면 동물도 그림을 그릴 수 있는 것처럼 컴퓨터도 그림을 그릴 수 있을까요?

박사님 재미난 질문이군요. 컴퓨터도 그림을 그리는 방법을 배우면 그림을 그릴 수 있느냐는 말이죠? 그릴 수 있습니다. 여러분이 그림책을 보면서 따라 그리거나 예쁜 꽃을 보고 그림을 그릴 수 있는 것처럼 컴퓨터도 공부를 하면서 그림을 그립니다.

승현 그림 공부요?

박사님 네, 승현이는 화가들의 그림을 본 적이 있지요?

승현 네, 저는 그림을 좋아해요. 물감이나 연필로 그린 그림 모두 좋아요.

박사님 그럼 물감으로 그린 그림과 연필로 그린 그림을 구별할 수 있겠군요?

승현 그럼요. 색깔도 다르고 물감 번지는 것과 연필 선으로 그린 그림은 다르게 보이는 걸요.

박사님 컴퓨터도 재료를 구분하고 그린 사람이 어떤 방법으로 그림 그리기를 좋아하는지도 알아낸답니다. 그뿐만 아니라 그런 방법으로 그림도 그릴 수 있어요.

승현 제가 그린 그림처럼 그릴 수도 있어요?

박사님 물론이에요. 승현이가 그림을 많이 그려서 컴퓨터에게 알려주면 컴퓨터가 승현이 그림과 비슷한 새로운 그림을 그려 낼 수 있답니다. 승현이는 무엇을 그리는 것을 가장 좋아하나요?

승현 강아지요.

박사님 강아지는 어떻게 생겼나요?

승현 다리가 4개이고 귀가 쫑긋하고 털이 복슬복슬하고 꼬리도 있어요. 기분이 좋으면 꼬리를 막 흔들어요.

소연 털이 복슬복슬하지 않은 강아지를 본 적이 있는데? 꼬리가 짧은 강아지도 있어.

박사님 세상에는 다양한 강아지가 많이 있지요. 그럼 소연이가 생각하는 강아지는 어떤 강아지예요?

소연 짧은 다리가 4개이고 귀는 접혀 있고 털은 짧지만 부드럽고 꼬리가 있지만 거의 보이지 않아요. 하지만 기분이 좋으면 짧은 꼬리를 흔들어요.

박사님 승현이가 생각하는 강아지와 소연이가 생각하는 강아지는 다르지만 비슷한 부분이 있군요. 강아지와 고양이는 다른가요?

소연 그럼요. 고양이는 얼굴에 가느다랗고 긴 수염이 있어요. 눈은 똥그랗지만 날카롭게 보일 때도 있어요. 꼬리는 기다란데 기분이 좋지 않으면 꼬리를 흔든대요.

승현 내가 본 고양이는 꼬리가 짧던데요? 강아지보다 날렵한 것 같아요.

박사님 다양한 모습의 고양이가 있겠군요. 여러분은 고양이와 강아지를 잘 구분할 수 있군요. 그럼 컴퓨터는 어떨까요? 여러분이 컴퓨터에게 강아지 그림을 그리라고 하면 컴퓨터는 어떻게 그림을 그릴 수 있을까요?

소연 먼저 강아지가 어떻게 생겼는지 알아야 해요.

승현 강아지를 많이 볼수록 구분하기 쉬울 거예요.

그리고 그림을 그리려면 많이 보고 자주 보고 자세히 봐야 한다고 미술 선생님이 그러셨어요. 그러니까 컴퓨터도 똑같이 해야 하지 않을까요? 그런데 박사님, 컴퓨터는 강아지를 어떻게 보지요?

박사님 컴퓨터는 우리처럼 눈이 없으니까 컴퓨터가 그림을 알 수 있도록 컴퓨터에 달린 카메라나 여러 장비로 보여 주면 돼요.

승현 인터넷으로 알아보면 그림이 많이 있던데요? 저도 그렇게 강아지 그림을 많이 찾아서 봐요.

박사님 사람들이 강아지 사진을 컴퓨터를 사용해서 인터넷에 많이 올려 두었기 때문이지요.

소연 하지만 이런 사진으로 컴퓨터가 어떻게 그림을 그리나요?

박사님 소연이는 강아지를 그릴 때 무엇부터 시작하지요?

소연 우선 무엇으로 그림을 그릴까 생각해요. 크레파스와 종이를 준비하고 강아지를 보면서 그려요. 귀는 어떻게 생겼는지, 꼬리는 어떻게 생겼는지 털의 색깔은 어떤지 관찰해요.

승현 저는 연필로 그리는 것을 좋아해요. 크레파스는 너무 두껍게 그려져서 자세하게 못 그리거든요. 저는 강아지가 가만히 있는 것보다 뛰어다니는 모습을 그리는 것이 더 좋아요.

박사님 소연이가 그린 그림과 승현이가 그린 그림은 같은 강아지를 보고 그린 그림이지만 많이 다르겠어요. 컴퓨터는 사실 강아지와 고양이, 움직이는 강아지와 가만히 있는 강아지를 구분하기 힘들어해요. 여러분처럼 강아지를 만지거나 함께 뛰어노는 것을 못하기 때문에 다양한 경험이 부족하거든요. 컴퓨터는 사진이나 동영상만으로 강아지를 공부해야 해요. 그래서 전 세계에서 인터넷에 올린 강아지 사진을 연구해서 다른 동물과 강아지가 어떻게 다른지 공부한답니다.

승현 저는 강아지가 날개를 달고 하늘을 나는 그림을 그린 적이 있어요. 컴퓨터도 이렇게 새로운 그림을 그릴 수 있나요?

박사님 멋진 그림을 그렸군요. 컴퓨터도 새로운 그림을 그릴 수 있어요. '어떤 그림'을 '무엇을 가지고' 혹은 '무엇처럼' 그리라고 지시하면 그 지시에 따라서 그림을 그려 냅니다. 예를 들어 승현이의 강아지 그림을 '꿈속'처럼 환상적으로 그리라고 인공 지능에게 지시하면 인공 지능은 '강아지'와 '꿈속'이라는 말을 가지고 다양한 이미지를 연구합니다. 그리고 새로운 이미지로 바꾸어 그려 줍니다.

소연 미술 선생님이 유명한 화가의 그림을 보여 주면서 "여러분의 방을 이 화가의 그림처럼 그려 보세요."라고 말씀하신 적이 있어요. 그래서 그 화가가 무엇으로 그리는지, 어떻게 그렸는지 공부했어요. 하지만 그대로 그리지는 않았어요. 방에 있는 물건을 재미있는 물건으로 바꾸기도 하고 공주님 침대처럼 꾸미기도 했어요.

박사님 소연이가 창의적으로 그림을 그렸군요. 보고 싶네요. 컴퓨터가 소연이처럼 창의적으로 즐겁게 그리는지는 앞으로 더 알아봐야겠어요.

2. 컴퓨터로 그린다고요?

박사님 여러분은 무엇을 가지고 그림을 그리지요? 종이에 연필이나 크레파스를 가지고 그림을 그리고, 물감으로 그리기도 해요. 화가들은 무엇을 쓸까요? 여러분처럼 연필도 쓰고, 크레용, 크레파스도 쓰고, 물감도 많이 써요. 하지만 요즘에는 소금, 머리카락, 불, 모래같이 그림이 될 것 같지 않은 희한한 재료들을 써서, 멋진 작품들을 만들어 내곤 합니다. 요즘에는 그림을 그리기 위해 컴퓨터를 사용하는 화가들도 있답니다.

승현 저는 아빠 컴퓨터로 그림을 그린 적이 있어요. 마우스로 그림을 그렸는데 연필로 그릴 때보다 못 그렸어요. 하지만 재미있었어요.

박사님 승현이가 컴퓨터로 그린 그림을 꼭 보고 싶네요. 자, 그럼 우리 함께 그림을 그려 볼까요? 그 전에 미술관에서 본 컴퓨터를 이용한 그림 얘기를 하나 해 줄게요. 혹시 미술관에서 여러분이 움직이는 대로 화면이 같이 움직이거나, 앞에 서서 어떤 동작을 하면 꽃이 피어나고 물고기가 달아나는 화면을 본 적이 있나요?

소연 네, 이모랑 같이 가서 봤는데 신기했어요. 제 그림자 어깨에 나비가 앉았는데 진짜 나비는 아니었어요.

박사님 어떻게 가짜 나비가 소연이의 어깨에 앉았을까요?

소연 이모가 그러는데, 내가 어디에 있는지 컴퓨터가 찾아내서 나비 그림을 보내는 거래요.

박사님 맞아요. 소연이가 본 예술 작품은 컴퓨터가 사람의 어깨 위치와 동작을 알아보는 기술을 사용합니다. 사람이 적당한 동작을 하거나 미리 정해 둔 시간이 되면 특별한 그림을 만들고 움직이도록 컴퓨터에게 지시를 한 것입니다. 요즘은 컴퓨터를 이용해서 신기하고 재미있는 작품들을 만드는 화가들이 많아지고 있어요.

승현 화가들이 컴퓨터를 이용해서 만든 작품을 많이 보고 싶어요. 미술관이 놀이 공원처럼 재미있을 것 같아요.

3. 꿈속 같아요

박사님 3장의 새 사진이 있네요. 가장 왼쪽의 새는 사진처럼 선명하고 가운데 새 사진은 그림을 그린 것처럼 붓 자국이 보여요. 오른쪽 그림은 여러 가지 무늬가 섞여 있네요. 이 3장의 사진은 무엇을 표현한 것일까요?

승현 천천히 바뀌고 있어요. 처음에는 새 사진이었다가 마지막에는 새 그림이 된 것 같아요.

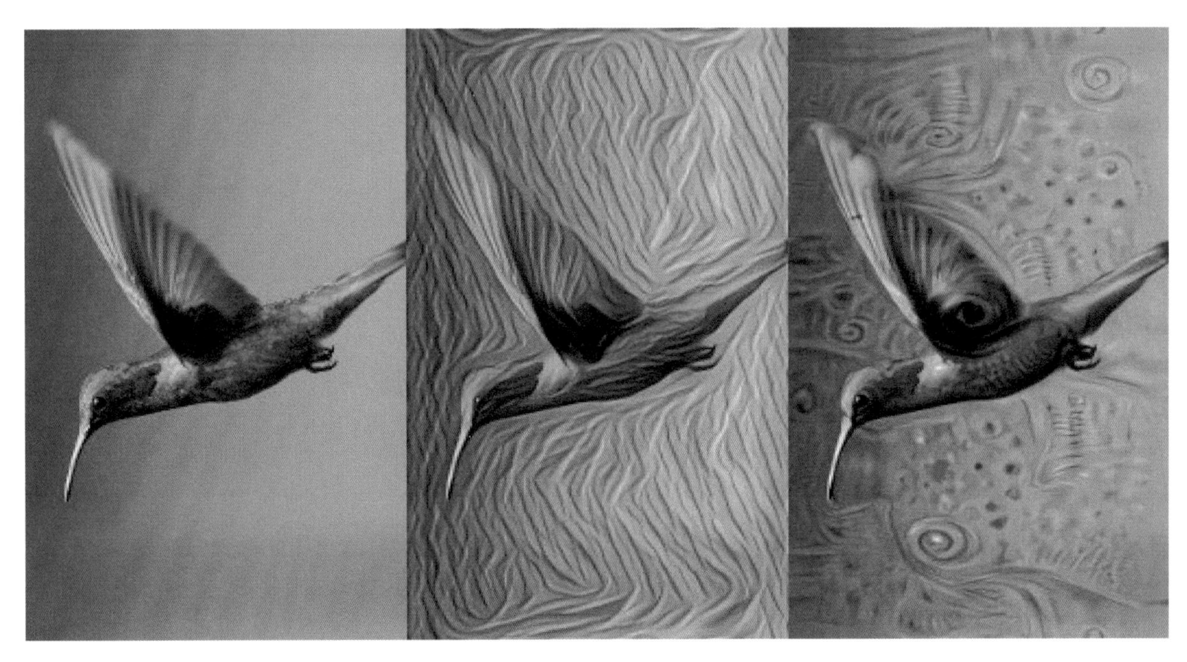

이미지 생성 AI 딥 드림이 그림을 그리는 과정.

소연 마지막 그림은 여러 가지가 섞여 있어요. 날개에서 눈의 모양도 보이고, 배경에서 물고기랑 꽃이 보이는 것 같아요.

승현 꿈을 꾸고 있는 것 같아요.

박사님 이 그림은 '**딥 드림**'이라고 부르는 인공 지능이 그린 그림입니다. 컴퓨터가 그림을 그렸다고 할 수 있습니다. '딥 드림'이라는 이름은 어떤 뜻일까요?

딥 드림이란?

딥 드림은 구글의 엔지니어 알렉산더 모르드빈체프가 만든 컴퓨터 프로그램입니다. 복잡한 신경망을 사용하여 비슷한 이미지를 찾아내고 과장된 영상 처리를 통해 환상적인 이미지를 만들어 냅니다.

승현 드림은 꿈인데, 딥은 무엇을 말하나요?

박사님 깊다는 뜻이에요.

소연 그럼 깊은 꿈인가요?

박사님 그렇습니다. 꿈속으로 깊이 들어가는 것 같은 느낌의 이름이지요?

박사님 우리 친구들 그림을 하나 보여 줄게요. 어떤 느낌이 들어요? 떠오르는 그림이 혹시 있나요?

승현 미술 시간에 배운 고흐의 작품과 비슷해요.

소연 눈이 많아서 무서워요. 자동차도 있고 물고기같이 생긴 것도 있어요. 신기해요. 우리 주위에서는 볼 수 없는 모습이에요.

박사님 여러분, 놀라지 마세요! 이 그림이 바로 인공 지능이 그린 그림이랍니다. 인공 지능이 다양한 그림과 사진을 공부해서 그림을 그렸어요. 그런 일이 어떻게 가능한지 같이 생각해 볼까요? 인터넷에는 무수히 많은 그림과 사진이 있습니다. 인공 지능은 이런 정보를 공부해서 그림마다 다른 방법, 다른 재료로 그림을 그립니다. 때로는 전혀 관련 없어 보이는 이미지와 사진을 가지고 유명한 화가가 그린 것 같은 작품을 그립니다.

승현 컴퓨터가 다양한 재료로 그림을 그린다고요?

박사님 우리가 그림을 그리는 것을 다시 되돌아볼까요? 여러분이 각자 어떻게 그림을 그렸는지 생각해 봅시다. 연필도 써 보고, 크레용도 써 보고, 동생도 그려봤다가 강아지도 그려 보고, 집도 그려 보지요? 또 친구가 그린 그림이 근사해 보이면 흉내 내서 그려 보기도 합니다. 컴퓨터는 어떨까요? 컴퓨터도 다양한 색을 써 보고, 인터넷에 올라와 있는 그림 자료들을 보고 나무를 이렇게도 그려 보고 저렇게도 그려 봅니다. 또 유명한 화가 고흐처럼 그려 보기도 하고 어린 아이가 그린 그림처럼 그려 보기도 합니다. 어때요? 우리가 그림을 배

딥 드림으로 다시 그린 고흐의 작품.

우는 것과 비슷하지요? 앞의 그림은 컴퓨터가 여러 가지 물체와 색, 스타일들을 뒤섞어서 그린 그림이에요. 여러분도 컴퓨터를 조금만 익히면 이런 그림들을 컴퓨터로 그려 낼 수 있습니다.

사고력과 창의력 키우기

1. 어머나, 고양이를 알아보네요!

2012년《뉴욕 타임스》에 놀라운 뉴스가 실렸어요. 1만 6000대의 컴퓨터가 1000만 개의 유튜브 영상을 가지고 사람처럼 공부를 시작해서 3일 만에 '고양이'를 알아봤다고 해요.

혼자서 공부할 때보다 친구들과 함께 공부할 때 새로운 것을 더 많이 알게 될 때가 있지요? 친구 대신 인공 지능과 함께 공부하면 어떨까요? 무엇을 인공 지능과 함께 공부하고 싶은가요? 인공 지능은 사람이 세상을 보는 방법을 공부해서 성장합니다. 인공 지능을 이용해서 공부하는 방법에는 어떤 것이 있을까요?

2. 인공 지능의 그림은 달라요?

여러분이 그림을 그리듯이 컴퓨터도 그림을 그릴 수 있다는 것을 오늘 알게 되었습니다. 컴퓨터는 그림들을 학습해서 여러분처럼 그림을 그리며 새롭게 그림을 그리기도 해요.

그렇다면 컴퓨터가 그린 그림과 여러분이 그린 그림은 다를까요? 다르다면 어떤 점이 다를까요? 여러분은 왜, 그리고 어떤 마음으로 그림을 그리나요? 컴퓨터가 그린 그림은 여러분에게 어떤 느낌을 주나요? 컴퓨터에게 그림을 그리라고 명령하지 않아도 그림을 그려서 우리에게 보여 줄까요?

■ 활동1 지금은 내가 인공 지능이에요

우리는 개, 고양이, 자동차, 사람을 정확히 인지하고 그대로 그릴 수 있을까요? 내가 그린 그림을 친구가 무엇인지 인지할 수 있을까요?

① 준비물: 개, 고양이, 토끼, 사과, 귤, 자전거, 오토바이 등의 여러 장의 사진과 흰색의 빈 카드와 색연필을 준비해요.

② 마음에 드는 사진을 한 장 선택해서 빈 카드에 사진을 관찰하여 손으로 직접 그림을 그리고 색연필(크레파스)로 칠해요. 잘 그리지 못해도 상관없어요. 자신 있게 그려 봐요.

③ 친구와 서로 그림 카드를 교환해요. 그것을 가지고 그림을 그려 봐요. 이번에는 친구와 바꾼 카드를 보고 빈 카드에 그림을 그려 봐요.

④ 처음에 카드에 그림을 그린 사람과 그것을 가지고 그림을 그린 짝꿍이 서로 그림에 대해 이야기해요. 내가 처음에 생각했던 그림과 그것을 가지고 친구가 그린 것을 비교해 봐요.

⑤ 정리하고 생각하기.

내가 사진을 보고 그린 카드를 친구가 정확히 무엇인지 알고 똑같이 그렸나요? 이렇게 사람은 눈으로 보고 그것이 무엇인지 알아내는 인지 능력이 있습니다. 그렇다면 컴퓨터가 사람처럼 이런 인지 능력이 있다면 무엇이라고 해야 할까요? 맞아요! 인공 지능 컴퓨터라고 합니다.

■ 활동 2 내가 그린 동물이 움직여요.

내가 꿈속에서 보았거나 상상한 동물의 모습을 얘기해 봐요. 강아지, 토끼 등등 어떤 색깔이었나요? 그리고 어떤 특징들이 있었나요? 어떤 소리를 내고 어떤 행동을 했나요? 인공 지능 컴퓨터가 여러분이 꿈에서 보거나 상상한 동물을 다시 보여 줄 거예요.

① 준비: 이 책의 맨 뒷장에 동물 그림 카드가 있습니다. 여러 동물 카드들 중에서 꿈에서 만나거나 상상한 동물이 그려져 있는 카드를 골라서 뜯어 주세요. 색연필이나 크레파스에서 마음에 드는 색을 골라요. 인공 지능 컴퓨터(태블릿 PC 또는 스마트폰)가 필요해요.

② 선택한 동물에 색을 칠하고, 선생님 또는 부모님의 도움을 받아 'AR 꿈속의 동물'을 설치해서 실행하세요. 앱을 실행하면 여섯 가지의 동물이 보일 거예

요. 꿈에서 보았던 동물을 선택한 후에 마이크 버튼을 누르고 소리를 흉내 내서 녹음해요.

인공 지능 컴퓨터 앞에 색칠한 종이를 놓고 '동작' 버튼을 누르면, 카드 위 동물이 입체가 되면서 여러분이 녹음한 소리를 내며 움직이기 시작합니다.

③ 정리하고 생각하기.

꿈에 보았거나 상상했던 동물과 비슷한가요? 이 동물은 무엇을 먹고살까요? 그리고 어떻게 생활할까요? 친구나 부모님과 얘기해 봐요. 이 동물이 나의 말을 알아들을 수 있는 특별한 능력이 있다면 좋겠죠? 강아지처럼 "앉아.", "누워.", "손."이라는 말을 듣고 행동할 수 있을까요? 인공 지능 컴퓨터가 그러한 능력을 줄 수 있을까요? 이러한 능력을 주기 위해 인공 지능이 개발되고 있고 강아지, 고양이 등의 인형으로 만들어져 판매도 되고 있답니다.

■ 활동 3 인공 지능 활동

활동 2에서 내가 꿈에 보았거나 상상한 동물을 인공 지능 컴퓨터를 이용해서 표현할 수 있었어요. 딥 러닝이라는 인공 지능의 능력으로 가능하답니다. 이 능력은 많은 사진(이미지)을 공부시켜서 사진이 무엇인지 알게 하는 겁니다. 깊이 공부한다고 해서 딥 러닝이라고 하는 거예요. 딥 러닝으로 동물뿐만 아니라 사람들 사진도 공부시키면 정확히 맞출 수 있답니다.

---

① 준비: 선생님의 사진이 필요해요. 나의 선생님 '에디슨'과 '아인슈타인' 사진을 많이 구해 봐요. 인터넷에서 사진을 직접 구할 수 있나요? 컴퓨터로 찾아서 저장해 보세요. 저장하는 게 어렵다면 선생님과 부모님께 도움을 요청해 보세요.

---

② 인공 지능 컴퓨터를 만들 수 있는 머신 러닝 사이트에 접속하세요. 회원 가입을 해야 사용할 수 있으니 선생님과 부모님의 도움을 받아야 해요.

(https://machinelearningforkids.co.uk/)

---

③ '프로젝트로 이동'을 선택합니다.

소개 워크시트 학습된 Stones 책 도움말 로그인 Language

게임을 하기 위해 컴퓨터를 가르쳐봐요.

1 먼저 여러 데이터를 모아보세요

2 데이터를 사용하여 인공지능을 훈련시켜보세요

3 인공지능을 사용하여 스크래치 게임을 만들어보세요

시작해봅시다 더 알아볼까요?

④ '+프로젝트 추가'를 선택합니다.

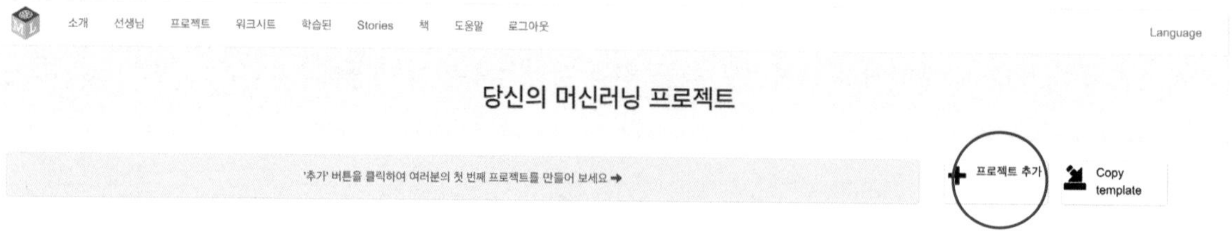

소개 선생님 프로젝트 워크시트 학습된 Stories 책 도움말 로그아웃 Language

당신의 머신러닝 프로젝트

'추가' 버튼을 클릭하여 여러분의 첫 번째 프로젝트를 만들어 보세요 ➜

+ 프로젝트 추가 Copy template

⑤ 프로젝트 이름에 'My Teacher'라고 입력하고

인식은 '이미지'로 바꿔 줍니다. 그리고 '만들기'를 선택해 주세요.

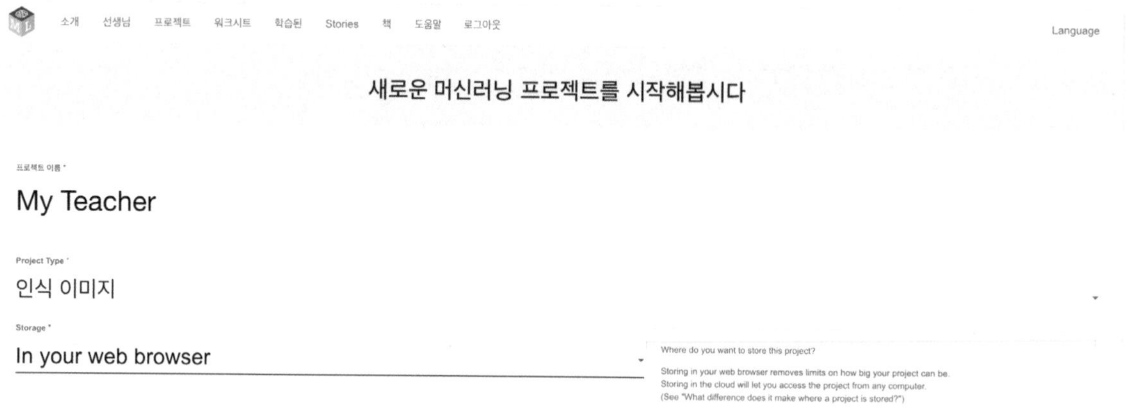

소개 선생님 프로젝트 워크시트 학습된 Stories 책 도움말 로그아웃 Language

새로운 머신러닝 프로젝트를 시작해봅시다

프로젝트 이름 *

My Teacher

Project Type *

인식 이미지

Storage *

In your web browser

Where do you want to store this project?

Storing in your web browser removes limits on how big your project can be.
Storing in the cloud will let you access the project from any computer.
(See "What difference does it make where a project is stored?")

⑥ 'My Teacher'라는 프로젝트가 생성되었습니다.

'My Teacher'를 눌러 주세요.

'훈련' 버튼을 눌러 주세요.

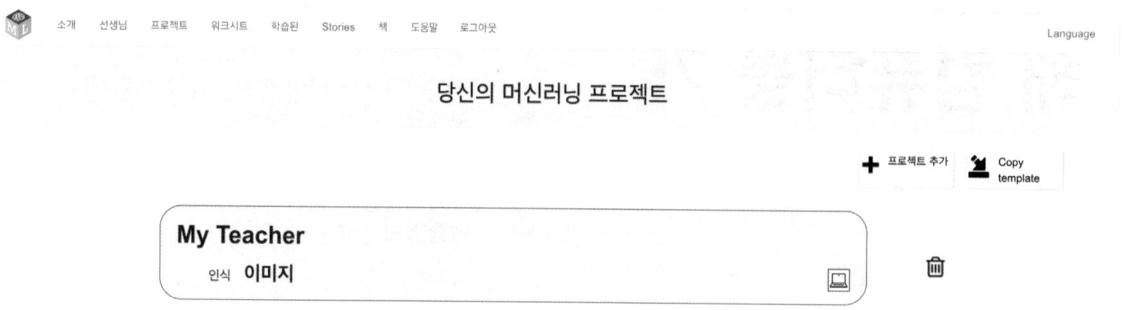

소개 선생님 프로젝트 워크시트 학습된 Stories 책 도움말 로그아웃 Language

당신의 머신러닝 프로젝트

+ 프로젝트 추가 Copy template

My Teacher

인식 이미지

⑦ '+새로운 레이블 추가'를 선택하여 'Edison'과 'Einstein'을 만들어 주세요. 그런 후에는 에디슨과 아인슈타인 사진을 넣어 주세요. (사진을 화면에 드래그해서 넣거나 '웹' 버튼을 선택하여 사진의 URL 주소를 넣는 방법도 있습니다. 물론 '웹캠'으로 직접 사진을 찍어도 됩니다.)

사진을 어느 정도 넣었다면 상단 왼쪽의 '프로젝트 돌아가기'를 선택하세요.

'학습 & 평가' 버튼을 선택하세요.

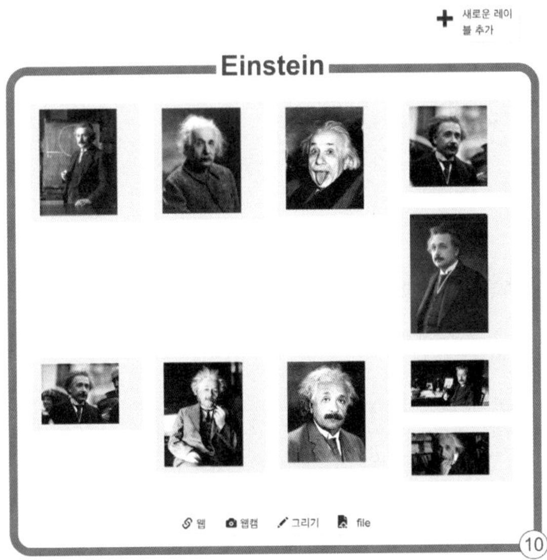

⑧ '새로운 머신 러닝 모델을 훈련시켜 보세요.' 버튼을 선택하세요.

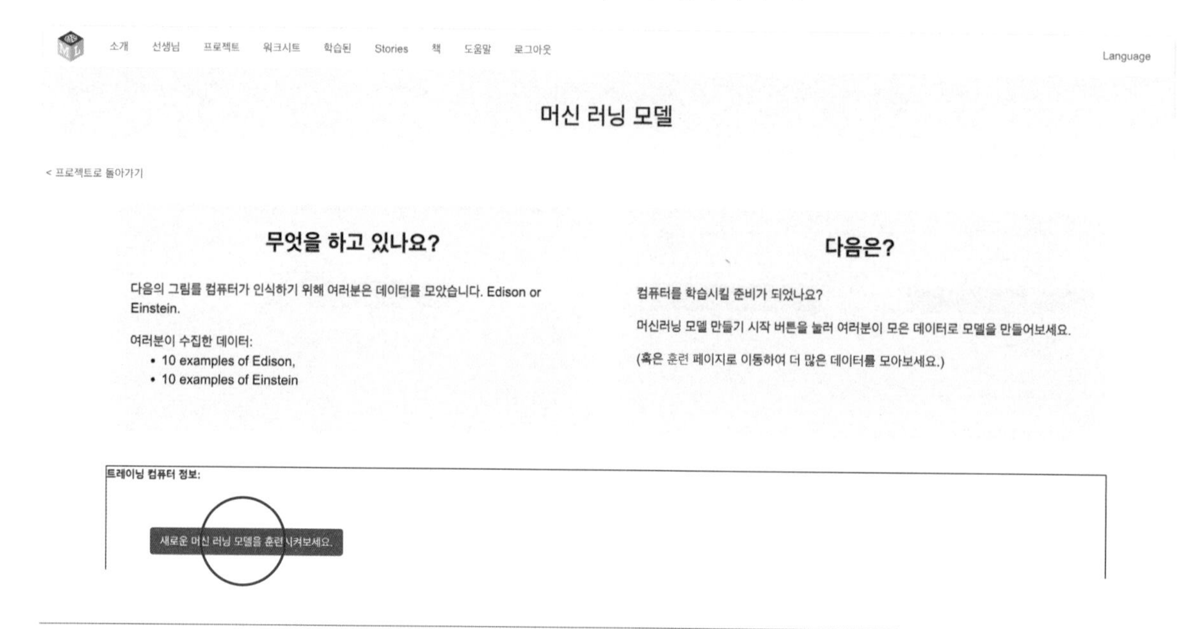

⑨ 머신 러닝 모델이 완성되었습니다.

이제는 인공 지능 컴퓨터가 에디슨인지 아인슈타인인지 알 수 있답니다.

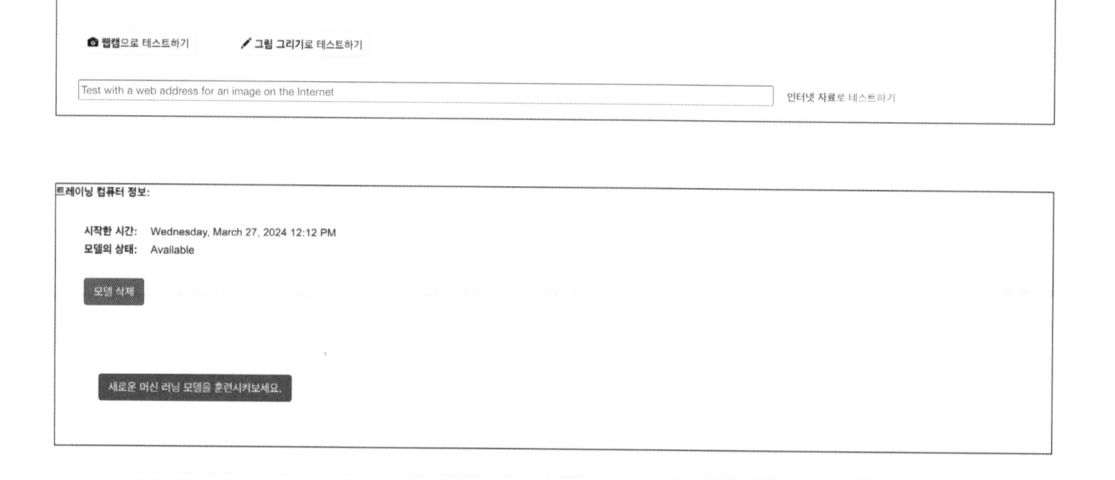

⑩ '인터넷 자료로 테스트하기' 버튼을 선택하여 아인슈타인의 사진을 넣어 보세요. (사진의 URL 주소를 넣어야 합니다.) 그러면 하단에 'Einstein(으)로 인식되었습니다. with 91% confidence.'라고 표시됩니다. 아인슈타인이 91퍼센

트 정확하다는 겁니다.

그럼 이제 에디슨 사진을 넣어 볼까요?

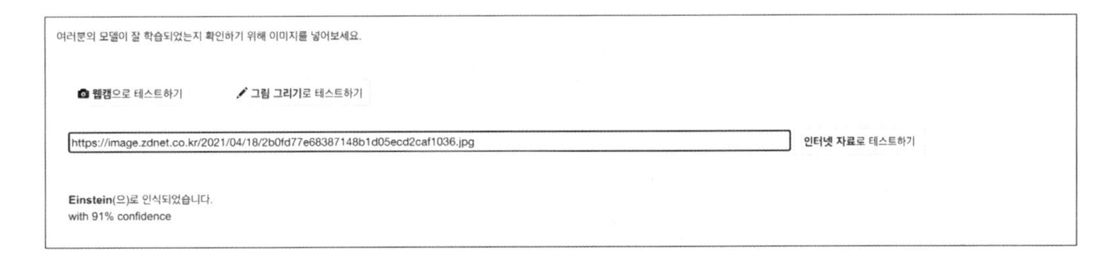

⑪ 정리하고 생각하기.

사진을 공부시키면 누구인지 정확히 맞힌다고 했는데 가끔 틀린 경우가 생기네요! 왜 그럴까요? 여러분은 친구의 얼굴을 하루에도 수십 번 수백 번 봅니다. 그런데 컴퓨터는 그 친구의 얼굴을 오늘 10번 봤죠. 그렇다면 사진을 100번, 1,000번 더 보게 하면 실수를 덜 하겠죠? 이처럼 컴퓨터도 사진을 보는 공부를 더욱 많이, 깊이 있게 해야 똑똑해집니다. 그래서 **딥 러닝(deep learning)** 이라는 표현을 쓴답니다. 딥 러닝으로 사진(이미지)을 인식할 수 있는 능력을 **이미지 인식**이라고 하는 거예요. 이미지 인식으로 사람의 얼굴뿐만 아니라 동물, 꽃, 자동차 등을 컴퓨터가 인지할 수 있게 되었습니다. 우리가 사용하고 있는 네이버, 다음에서도 스마트폰의 카메라를 이용하여 동물, 꽃 등 다양한 이미지를 인식하고 있습니다. 사람의 눈과 거의 같아졌어요. 그렇다면 컴퓨터가 사람의 귀처럼 소리도 인식할 수 있지 않을까요?

스마트폰의 이미지 인식 기능을 이용해서 꽃을 검색할 수 있는 앱.

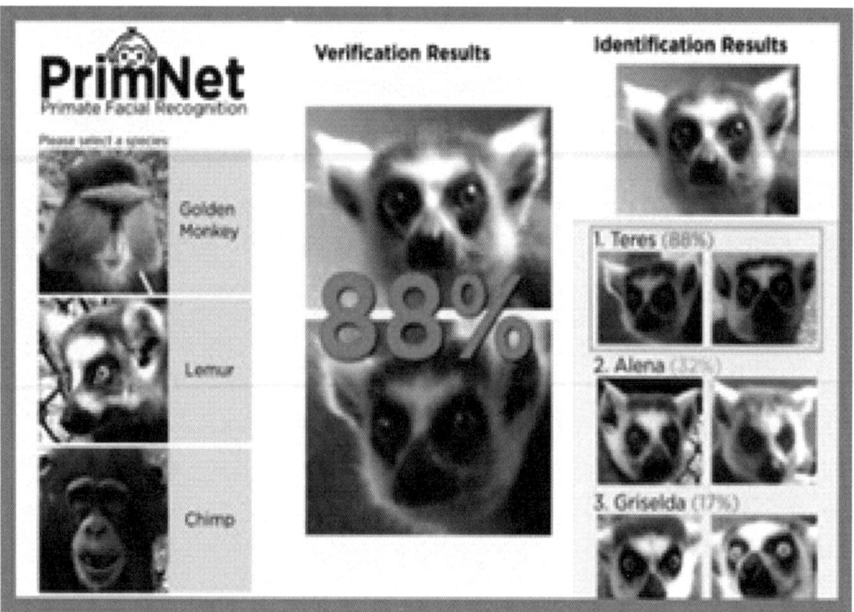

이미지를 인식해 영장류의 종을 알아보는 앱.

2 내가 만든 음악, 어떻게 생각해?

1. 인공 지능도 꾸준히 배워야 해요

박사님: 여러분은 어떤 악기를 연주할 수 있나요?

소연: 저는 피아노를 칠 수 있어요.

승현: 저는 바이올린을 배우고 있는데, 악보를 보면서 연주하는 것이 너무 어려워요.

박사님: 악기로 멋진 음악을 연주하려면 오랫동안 배우고 연습해야 합니다. 악보를 보고 건반을 치거나 악기의 줄을 누르고 활을 켜는 것, 피리를 부는 방법을 익혀야 해요.

승현: 인공 지능도 우리처럼 배워서 악기를 연주할 수 있어요?

박사님: 인공 지능도 음계와 악기마다 다른 소리가 난다는 것을 배워야 다양한 음악을 만들 수 있습니다. 5월의 행복한 느낌이 나는 새로운 음악을 듣고 싶다면, 혹은 만들고 싶다면 어떻게 해야 할까요?

승현: 음악을 만드는 방법을 알아야 해요. 그리고 내가 듣고 싶은 음악을 찾을 때까지 많이 들어야 해요.

소연: 음악을 많이 듣고 어떤 음악이 어떤 느낌을 주는지 구별할 수 있으면 원하는 느낌의 음악을 고를 수 있어요. 하지만 음악을 들을 수 있는 시간이 많지 않아요.

승현: 온라인에서 느낌과 감정별로 음악을 구별해 놓은 것을 봤어요. 비 올 때 들으면 좋은 음악, 운동할 때 들으면 좋은 음악 등으로 구별되어 있었어요. '플레이리스트'라고 하나요?

박사님: 음악을 추천하는 것도 인공 지능이 할 수 있는 일 중 하나입니다. 음악에 대한 많은 정보를 가지고 있기 때문에 가능합니다. 음악을 만들 때 사용하는 악기, 악보, 음악의 종류, 시대별 음악의 차이 등 세계의 음악 정보를 다 알 수 있다면 어떤 음악을 만들어 낼 수 있을까요?

소연: 인공 지능이 그렇게 많은 음악을 듣고 알고 있다면, 내가 지금 듣고 싶은 음악이 무엇인지 맞혀 보라고 하고 싶어요.

박사님: 재미있군요. 인공 지능이 소연이를 위해서 어떤 음악을 만들 수 있는지 궁금한데요?

2. 인공 지능과 함께 음악을 만들어요

소연: 박사님, 인공 지능은 어떻게 음악을 만드나요?

박사님: 인공 지능을 어느 정도 사용하느냐에 따라 음악을 만드는 방법도 다릅니다. 작곡자가 원하는 음악이 있다면 인공 지능에게 원하는 정보를 주어야 합니다. 원하는 박자, 음악의 종류 등이지요. 만약 인공 지능에게 아무 지시를 하지 않고 음악을 만들라고 한다면 인공 지능은 스스로 음악에 대해 익히고 자신이 음악이라고 생각하는 것을 만들어 냅니다.

소연: 우리가 생각하는 음악과 많이 다를 수도 있나요?

박사님: 완전히 새로운 음악을 만들 수도 있지만 지금까지 축적된 정보를 바탕으로 음악을 만들기 때문에 우리가 듣기에 편안한 음악처럼 만들어 낼 수 있습니다.

승현: 저도 인공 지능을 이용해서 음악을 만들고 싶어요.

박사님: 인공 지능 음악 작곡 프로그램이 있으면 여러분의 음악을 만들 수 있습니다. 인터넷에는 누구나 쉽게 기본적인 멜로디와 박자를 만들 수 있는 프로그램이 있습니다. 이런 프로그램으로 만든 음악을 인공 지능 작곡 프로그램에 입력하여 다양한 지시를 내립니다. 어떤 종류, 어떤 느낌의 음악인지 인공 지능에게 알려주면 됩니다.

소연: 저만의 음악을 만들어서 친구들에게 들려주고 싶어요.

박사님: 인공 지능과 함께 소연이만의 앨범을 만들어 보는 것은 어떨까요?

사고력과 창의력 키우기

2019년 3월 음악 인공 지능이 만든 음악 앨범이 제작되었습니다. 듣기 편한 부드러운 음악 20곡이 들어 있는 이 앨범은 전부 오픈AI(OpenAI)라는 인공 지능 연구소에서 개발한 인공 지능이 만든 것입니다. 이런 음악의 주인은 누구일까요? 예술 작품에는 만든 사람이 있고, 그 사람은 자신이 만든 작품에 대한 권리를 가집니다.

이것을 **저작권**이라고 합니다. 그래서 다른 사람이 허락 없이 사용하면 안 됩니다. 누군가 사용할 경우 그것을 만든 사람에게 돈을 지불해야 해요. 그렇다면 인공 지능이 만든 음악의 주인은 인공 지능일까요? 아니면 인공 지능을 만든 사람일까요? 인공 지능으로 음악을 만든 회사의 대표는 이 음악 인공 지능을 위하여 일을 한 6명의 직원이 음악의 주인이며 인공 지능은 도구라고 말했습니다.

사고력과 창의력 키우기

인공 지능도 음악을 만들고 연주할 수 있다는 것을 알았습니다. 어떤 악기, 장르, 분위기로도 자유자재로 작곡하고 음악을 바꾸고, 연주할 수 있습니다. 여러분은 어떤 마음으로 음악을 즐기나요? 기분이 좋을 때 흥얼거리는 노래, 슬플 때 듣는 음악, 친구들과 즐거울 때 듣는 음악은 우리 일상과 기분에 많은 영향을 주지요. 인공 지능에게 음악이란 무엇일까요? 인공 지능도 기분에 따라서 다른 음악을 듣거나 만들게 될까요?

■ 활동 1 인공 지능으로 작곡하기

부미(Boomy)를 이용하여 인공 지능으로 작곡하는 창작 과정을 체험합니다.

① 준비: 부미에서 우리도 쉽게 인공 지능으로 작곡할 수 있습니다. 악보도 볼 줄 모르는데 어떻게 작곡을 할 수 있냐고요? 단순히 좋아하는 음악 장르를 고르고 자신의 목소리만 녹음시키면 음악을 만들어 준답니다.

② 사용하기: www.boomy.com에 접속해 볼게요. 영어로 되어 있어서 읽기가 힘들죠? 만약 크롬 브라우저를 사용하여 접속했다면 마우스의 오른쪽 버튼을 클릭해 보세요. '한국어(으)로 번역' 메뉴를 선택하면 모든 글이 한글로 번역되어 쉽게 읽을 수 있답니다. 이러한 번역도 인공 지능의 도움으로 가능한 거죠.

우선 회원 가입을 하고 로그인해야만 사용할 수 있습니다. 로그인되었다면 화면 중앙의 '당신의 노래를 만들어 보세요' 버튼을 클릭해서 음악 만들기를 시작하겠습니다.

제일 먼저 좋아하는 스타일을 선택하세요. 참고로 '글로벌 그루브'를 선택했습니다.

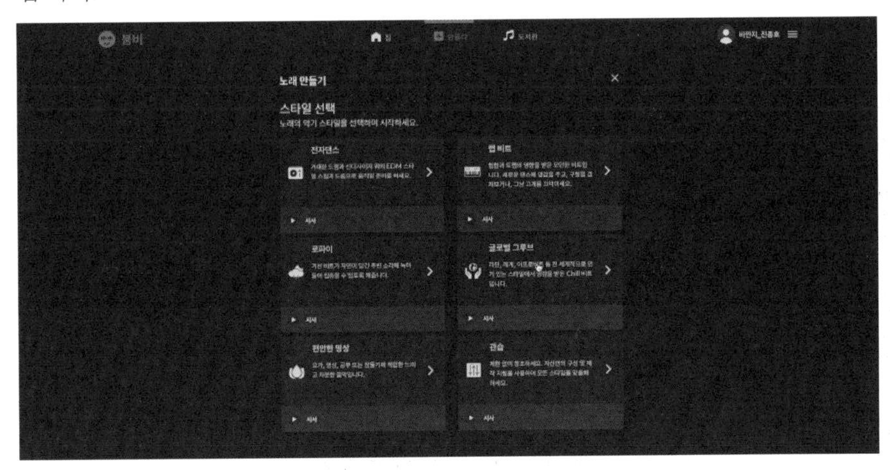

몇 가지의 샘플 음악들이 보이네요. 오른쪽의 실행 버튼을 눌러서 음악을 바로 들어 볼 수 있습니다. '부르미'를 선택하고 '노래만들기' 버튼을 누르면 음악이 만들어집니다.

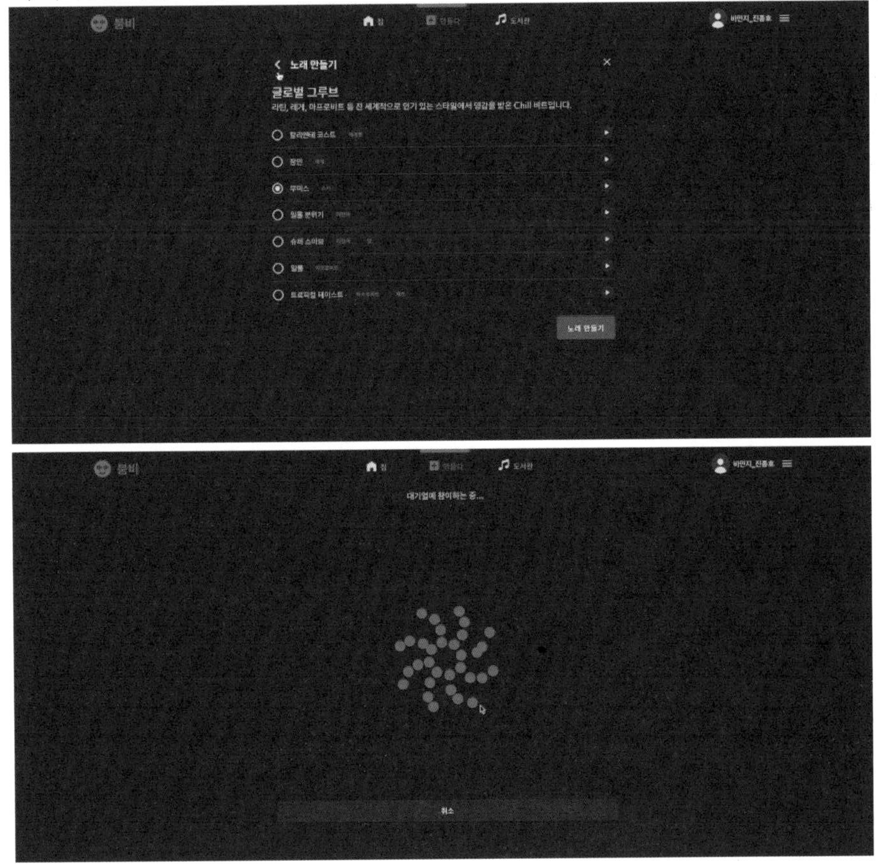

속도나 악기 등을 바꿔 볼 수도 있습니다. 먼저 '악기와 소리' 오른쪽 연필 모양의 아이콘을 눌러 악기를 다른 것으로 바꿔 보겠습니다. 악기 그룹을 '어쿠스틱 악기'로 선택하고 하단의 '변경 사항을 저장하다' 버튼을 누르면 됩니다.

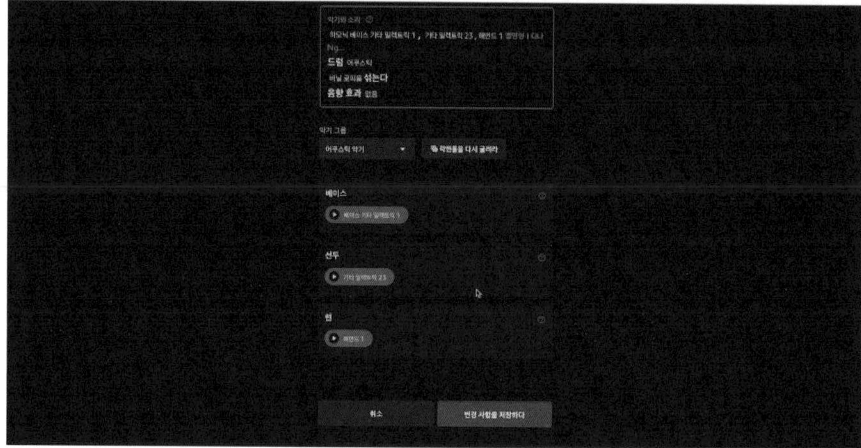

속도가 느린 것 같으니 속도도 높여 볼까요? 두 번째 '고쳐 쓰기'의 오른쪽 연필 모양을 선택하면 속도 슬라이더가 보입니다. 속도를 높이고 '노래 다시 쓰기' 버튼을 선택합니다.

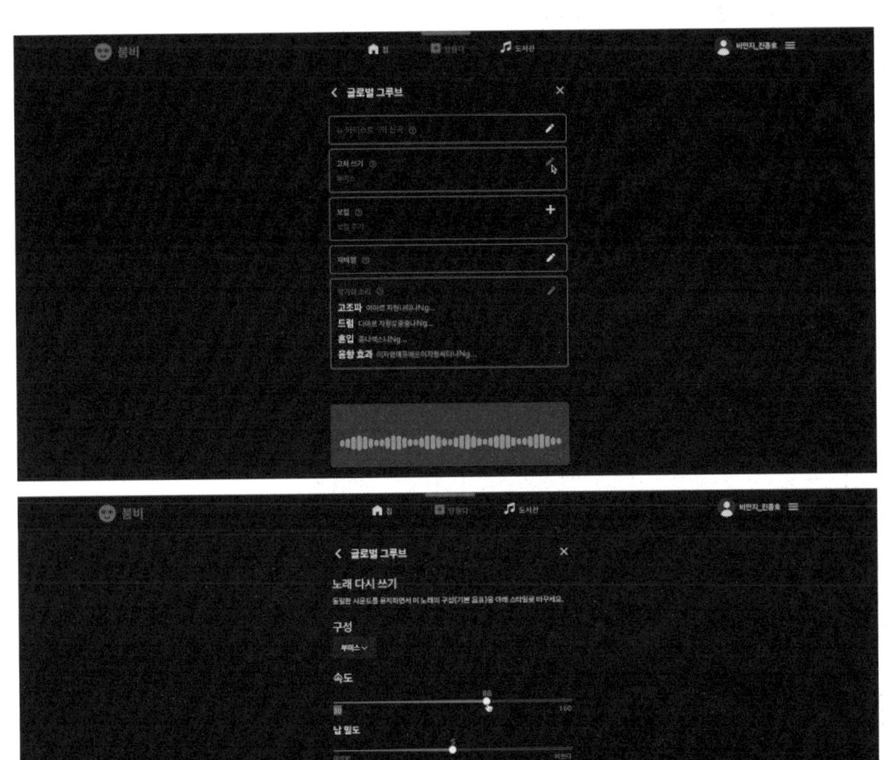

이제 마지막으로 제일 중요한 가수의 목소리를 녹음하는 단계입니다. 오늘의 주인공 가수는 여러분입니다. 노래를 못 부른다고 겁먹지 마세요. 책 읽듯 아무렇게나 불러도 인공 지능이 음악에 맞게 멋지게 변형해 줄 테니까요.

'보컬' 메뉴 옆 '+' 버튼을 누른 후 마이크 모양의 아이콘('당신의 목소리를 녹음하세요')를 누르면 녹음을 시작합니다. 자신 있게 적당한 목소리로 몇 초간 녹음해 주고 '계속하다' 버튼을 누르면 완성됩니다.

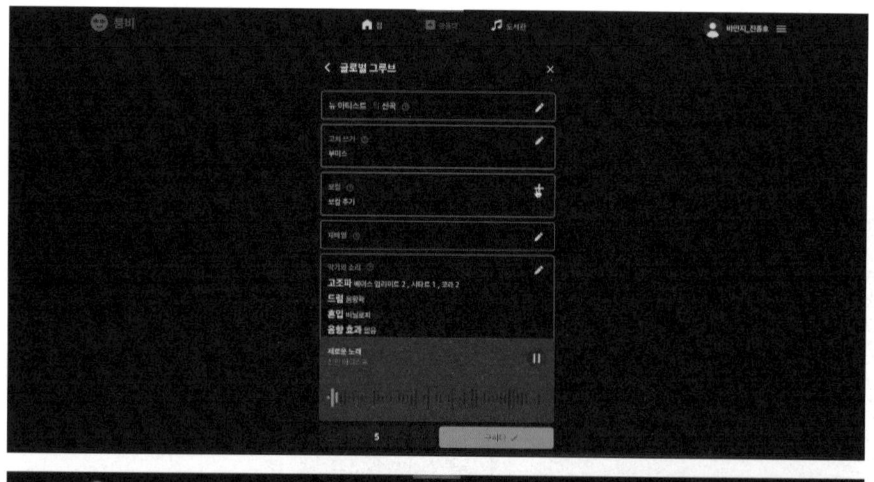

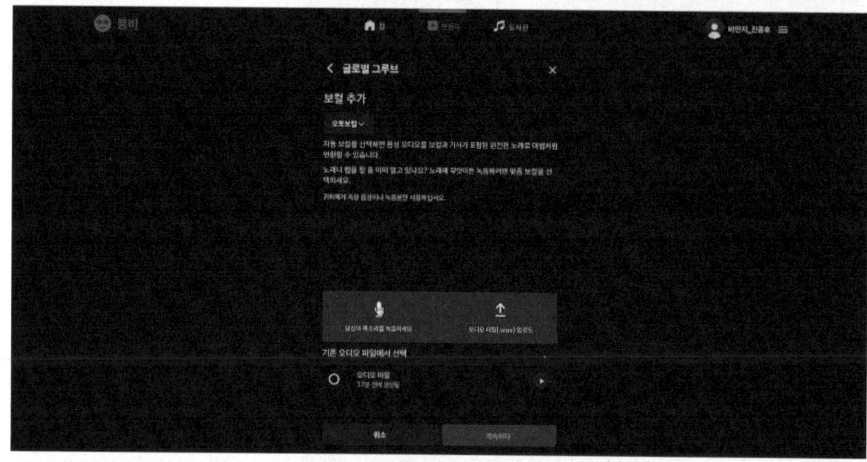

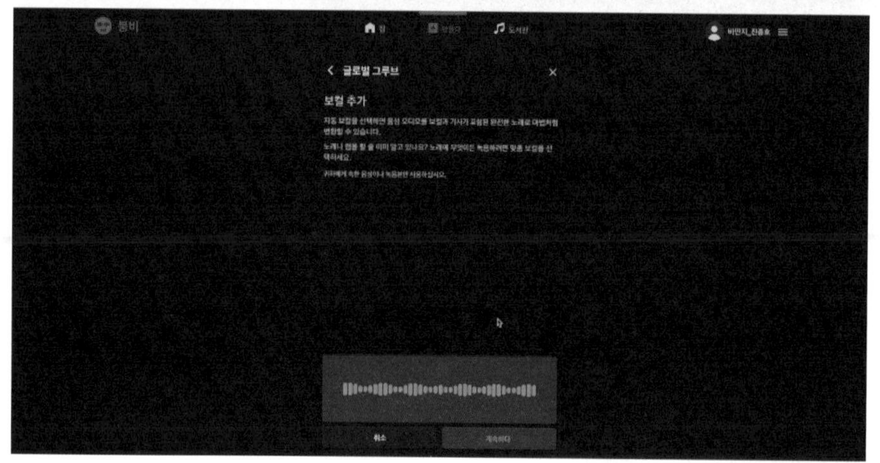

어때요? 정말 멋진 음악이 만들어지지 않았나요? 내 목소리를 녹음했는데도 훌륭한 노랫소리가 들리네요.

4부

2100년도 우리의 생활 모습은?

1 우리 생활이 어떻게 달라져요?

1. 생활 속에도 로봇 친구가 있어요

승현 박사님, 오늘 친구랑 다투어서 속상해요. 이럴 때 제 이야기를 들어줄 친구가 곁에 있으면 정말 좋을 것 같아요. 제 로봇 장난감이 친구처럼 이야기를 들어줄 수 있다면 정말 좋을 텐데.

박사님 승현이가 친구랑 다투어서 속상했군요.

로봇 친구가 나와서 말인데, 인공 지능과 대화를 해 본 적 있나요?

요즘 인공 지능 스피커는 엄마인지 아빠인지, 또는 동생인지 나인지 구별도 하고, 묻는 말에 대답만 하지 않고, 먼저 말을 걸기도 해요. 이렇게 사람과 대화하는 인공 지능 로봇을 **소셜 로봇(social robot)**이라고 해요. 언어, 몸짓으로 사람과 감정을 나누고 대화하는, 사람과 비슷한 행동을 하는 로봇이에요.

소셜 로봇이란?
언어, 몸짓과 같은 사회적 행동으로 사람과 교감하고 상호 작용하는 자율 로봇을 말합니다. 사람처럼 대화하고, 감성적인 몸짓으로 정서적으로 소통합니다.

소연 박사님, 로봇이 사람과 감정을 나눌 수 있어요? 정말이요?

박사님 신기하죠?

로봇이 어떻게 사람처럼 역할을 하는지 살펴볼까요? 소셜 로봇이 사람과 비슷한 역할을 하려면, 여러 가지 기술이 필요해요.

우선 우리의 말을 알아들으려면, 목소리를 들을 수 있어야 해요. 우리가 귀를 통해 목소리를 듣듯이, 로봇에게는 **음성 인식 기술**이 있어요.

또 우리가 친구와 이야기를 나눌 때, 목소리를 듣는 것 말고도 표정이나 몸짓을 보고 기분이 좋구나, 슬프구나 하는 것을 알 수 있지요? 소셜 로봇도 사람과 비슷해지려면, 우리와 똑같이 사람의 표정과 몸짓을 봐야 해요. 우리가 눈으로 봐서 아는 것을 로봇에서는 **생체 인식 기술**이라고 해요.

우리는 이렇게 듣고 보는 것을 가지고 친구가 짝과 공기놀이를 했구나, 기분이 좋구나, 마음이 상했구나 하고 어떻게 알까요? 그래요, 그동안 엄마 아빠 동생이 말하고 표정 짓고 몸짓 하는 것을 많이 보아 왔죠? 그래서 우리는 이렇게 말하면 이런 뜻이구나, 이런 표정을 지으면 기분이 이렇구나, 이런 몸짓을 하면 신난다는 거구나 하고 알게 되는 거예요.

로봇에게도 이런 경험들이 차곡차곡 쌓여 있어야 말을 알아듣고 기분을 짐작할 수 있어요. 그렇겠죠? 사람과는 모습이 조금 다르지만, 이런 과정은 비슷하죠? 또 어려운 말을 하나 알려줄게요. 이렇게 쌓아놓은 경험을 로봇에서는 **빅 데이터**라고 해요.

우리가 무엇을 먹고, 이야기를 나누고, 운동을 하고, 경치를 보고, 음악을 듣고, 책을 보는 사이에 우리도 모르게 여러 가지 경험들이 없어지지 않고 차곡차곡 쌓이는 거예요. 사람이 무엇을 알게 될 때 지능이 있기 때문이라고 하지만, 로봇은 사람이 아니기 때문에 그냥 지능이라고 하지 않고 **인공 지능**이라고 해요. 이런 경험들을 자료라고 말해요. 그런 자료들이 많을수록 어떨까요? 더 많은 것을 이해하고 짐작하게 되겠죠? 하나하나 살펴보니까 로봇도 다르지 않죠?

승현 오오, 놀라워요. 사람과 정말 비슷해요.

박사님, 재미있는 소셜 로봇 얘기 좀 해 주세요!

박사님 승현이 눈이 반짝반짝해요. 많이 궁금하죠?

우리 친구들 반려 동물을 키워 본 적 있어요? 그런 반려 동물과 같은 '소셜

음성 인식 기술이란?
컴퓨터가 소리 센서를 통해서 얻은 음향학적 신호를 단어나 문장으로 변화하는 기술을 말합니다.

생체 인식 기술이란?
인간의 신체에서 지문, 홍채, 손 모양, 얼굴 같은 정보를 자동으로 측정하여 신원을 파악하는 기술을 말합니다.

빅 데이터란?
디지털 환경에서 생성되는 문자와 영상 데이터를 포함하는 대규모 정보를 말합니다. 빅 데이터로 사람들의 행동, 위치 정보 등을 분석할 수 있습니다. 따라서 빅 데이터는 미래 경쟁력의 우위를 좌우하는 중요한 자원으로 활용될 수 있다는 점에서 주목받고 있습니다. 예컨대, 싱가포르는 차량의 기하 급수적인 증가로 인한 교통 체증을 줄이기 위해 빅 데이터를 활용한 교통량 예측 시스템을 도입했습니다. 이 시스템을 통해 싱가포르는 85퍼센트 이상의 정확도로 교통량을 측정하고 있다고 합니다.

반려 로봇'이 존재한답니다. '마이캣(maicat)'이라는 인공 지능 기반 반려 로봇인데요, 마이캣은 우리가 쓰다듬고 칭찬하고 미소를 지으면, 이것을 알고 진짜 반려 동물처럼 반응해요. 또 알맞은 손동작을 하며 "앉아.", "기다려.", "이리 와." 같은 말을 가르치면 이에 맞는 동작을 할 수 있어요.

똑같은 마이캣이라고 해도 키우는 사람에 따라 반려 로봇의 반응이나 습관이 달라지기까지 해요. 어떻게 그럴까요?

우리가 친구와 이야기를 나누거나 같이 놀이를 하면서 새로운 것을 익히듯이 마이캣도 주인과 지내면서 새로운 경험들이 쌓여서 친구네 마이캣과 다르게 행동하게 되지요. 진짜 반려 동물과 정말 비슷한 느낌을 줄 것 같지요?

소연 박사님, 너무 놀라워요. 박사님 설명을 들으면 고개가 끄덕여지는데, 그래도 믿어지지 않아요.

박사님 그렇죠? 우리 친구들이 말을 배우고, 피아노를 배우고, 축구를 배우듯이 컴퓨터라는 기계도 우리와 똑같은 과정으로 배우고 익히는 거예요. 예를 들어 컴퓨터에게 수많은 강아지 사진을 보여 주면서 '이것은 강아지 사진이다.'라고 알려줍니다. 강아지 사진을 반복적으로 많이 보면, 컴퓨터는 강아지가 어떻게 생겼는지 분석하게 됩니다. 그럼 **머신 러닝**을 하고 난 이후에는 한 번에 강아지를 알아보고, 구별할 수 있게 되는 것이죠. 기계도 학습을 통해서 사람과 같이 사물을 구분할 수 있는 눈을 가지게 되는 것입니다. 앞으로 사람의 생활

머신 러닝이란?
사람이 학습하듯이 컴퓨터에도 데이터를 입력하여 학습하도록 함으로써 새로운 지식을 얻어 내게 하는 인공 지능 기술의 한 분야입니다.

에 어떤 영향을 미칠지 기대가 됩니다.

2. 집에도 의사 선생님이 있어요

승현 박사님, 저희 할아버지께서 손목에 시계를 차고 계시는데, 만보계처럼 걸음 수도 세어 주고, 어떤 것을 터치하고 손끝을 대고 있으면 몸 상태를 알려준다고 그러셨어요. 이것도 로봇이에요?

박사님 로봇은 스스로 주어진 일을 처리하는 기계를 뜻하니까 일부분은 로봇이라고 할 수 있어요. 우리 친구들이 감기에 걸려서 병원에 가면 의사 선생님이 무엇을 하시죠? 입을 '아' 벌려 보라고 해서 목구멍을 들여다보고, 가슴과 등에 청진기를 대서 심장 소리와 숨 쉬는 소리를 들어보시죠? 의사 선생님이 양쪽 귀에 청진기를 꽂고 골똘히 들으시는 모습을 봤을 거예요. 우리 몸에서 나는 소리를 크게 해서 들어보고 어디에 이상이 있나 살피시는 거예요. 그러면 이 자료를 가지고, 의사 선생님이 어디가 안 좋구나 하고 진단을 하십니다. 할아버지께서 손목에 차고 계신 시계같이 생긴 것도 이런 역할을 한답니다. 이렇게 다양한 정보를 모으고, 진단도 해 주는 기계를 **스마트 워치(smart watch)**라고 해요.

손목 시계 모양이지만, 사실은 컴퓨터인 거죠. 우리는 스마트 워치같이 몸에 가볍게 차고 다니거나 입을 수 있는 것들을 **웨어러블 디바이스(wearable devices)**라고 해요. 입을 수 있는 장치라는 뜻이죠.

스마트 워치가 청진기도 아닌데, 어떻게 맥박 같은 몸 상태를 측정할까요? 스마트 워치에는 뒷면에 **센서**가 달려 있고, 이 센서가 입고 있는 사람의 피부에 닿게 되어 있어요. 심장이 1분에 몇 번 뛰는지, 잠은 몇 시간 잤는지, 또 먹은 음식의 열량은 얼마인지 측정하고 알려줘요. 그래서 '휴식이 필요하네요.' 혹은 '쓰러지기 일보 직전입니다.'라는 메시지를 띄워서 휴식을 권하기도 해요. 내가

웨어러블 디바이스란?
몸에 부착하거나 착용해서 사용하는 전자 장치를 말합니다. 티셔츠부터 안경, 팔찌, 시계, 신발 등 형태가 다양합니다.

센서란?
열, 빛, 온도, 소리 등의 물리적인 양이나 변화를 감지해서 알려주는 부품이나 기구를 말합니다.

어떤 상태이고, 어떻게 하는 것이 좋은지 알려주니 도움이 많이 되겠죠? 이렇게 사람의 몸에 부착하여 딱 맞는 것을 알려주고 추천해 주는 웨어러블 디바이스에는 안경, 신발, 옷도 있어요.

다양한 사물을 모두 작은 컴퓨터처럼 사용할 수 있다고 생각하면 정말 신기하지 않나요?

사고력과 창의력 키우기

우리는 로봇 강아지를 동물과 똑같이 보호해야 할까요? 로봇 강아지와 오랫동안 함께 살았다면 가족같이 소중하겠죠. 특히 홀로 오래 살아온 할머니에겐 인공 지능 로봇 역시 진짜 개나 고양이처럼 정이 깊이 들어서, 아주 소중할 거예요. 그렇다면 로봇 반려 동물이 **동물 보호법**의 대상이 되길 바랄지도 모릅니다.

여러분 생각은 어떤가요? 로봇 강아지도 동물 보호법의 보호를 받도록 하는 게 좋을까요?

동물 보호법이란?
동물의 생명과 안전을 보호하여 생명 존중 등 국민의 정서 함양에 이바지하기 위해 1991년 5월 31일에 제정한 법입니다.

사고력과 창의력 키우기

우리 친구들은 인공 지능 반려 로봇이 있으면 좋겠다고 생각하나요? 어떤 모양으로 만들면 좋을까요? 또 로봇이 우리에게 무엇을 해 주면 좋을지 같이 이야기해 봐요.

■ 활동 1 인공 지능 챗GPT와 대화하기

인공 지능과 사람이 대화하듯 이야기를 나눌 수는 없을까요?

오픈AI에서 만든 인공 지능 챗GPT는 사람처럼 대화할 수 있답니다. 말은 못 하지만 글자로는 대화할 수 있죠. 이런 것을 대화형 인공 지능 챗봇이라고 합니다. 우리 한 번 챗GPT(GPT-3.5)와 대화해 볼까요?

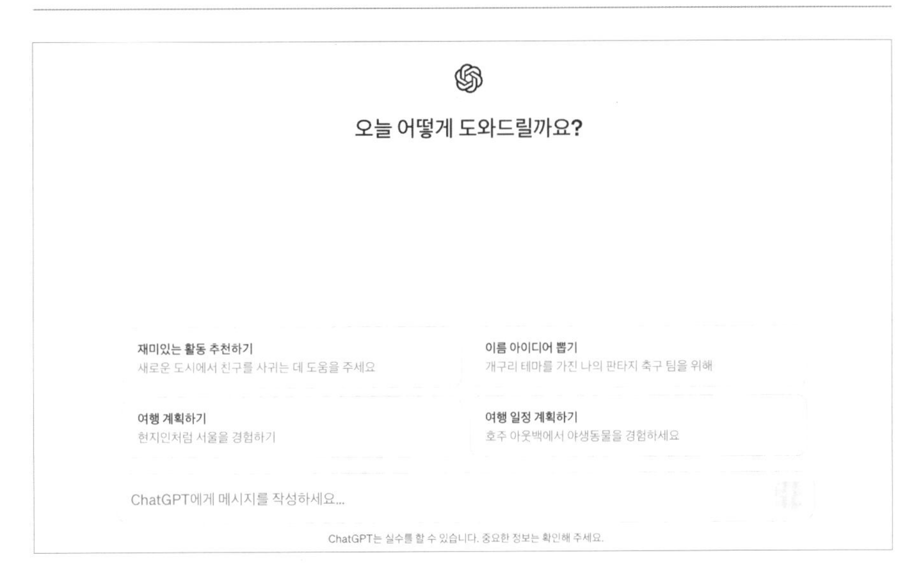

① 준비: 우선 회원 가입을 하고 로그인해야만 사용할 수 있습니다. http://chat.openai.com/에 접속하여 회원 가입을 합니다.

'Sign up' 버튼을 선택하세요.

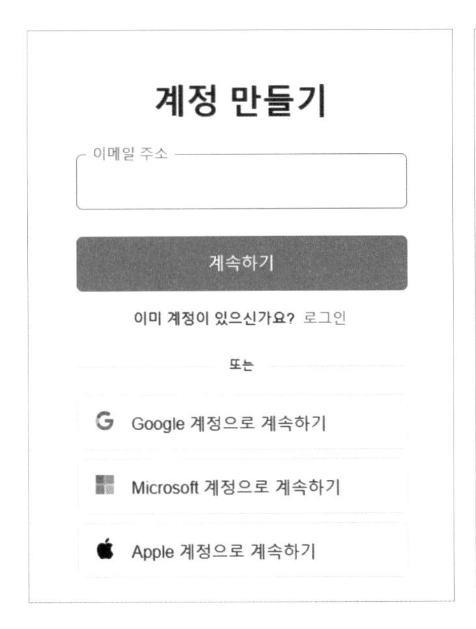

다음과 같이 회원가입 창에 자신의 이메일을 기록하고 'Continue' 버튼을 선택합니다. 만약에 구글이나 마이크로소프트나 애플의 메일 계정을 가지고 있다면 그것으로도 가입할 수 있습니다.

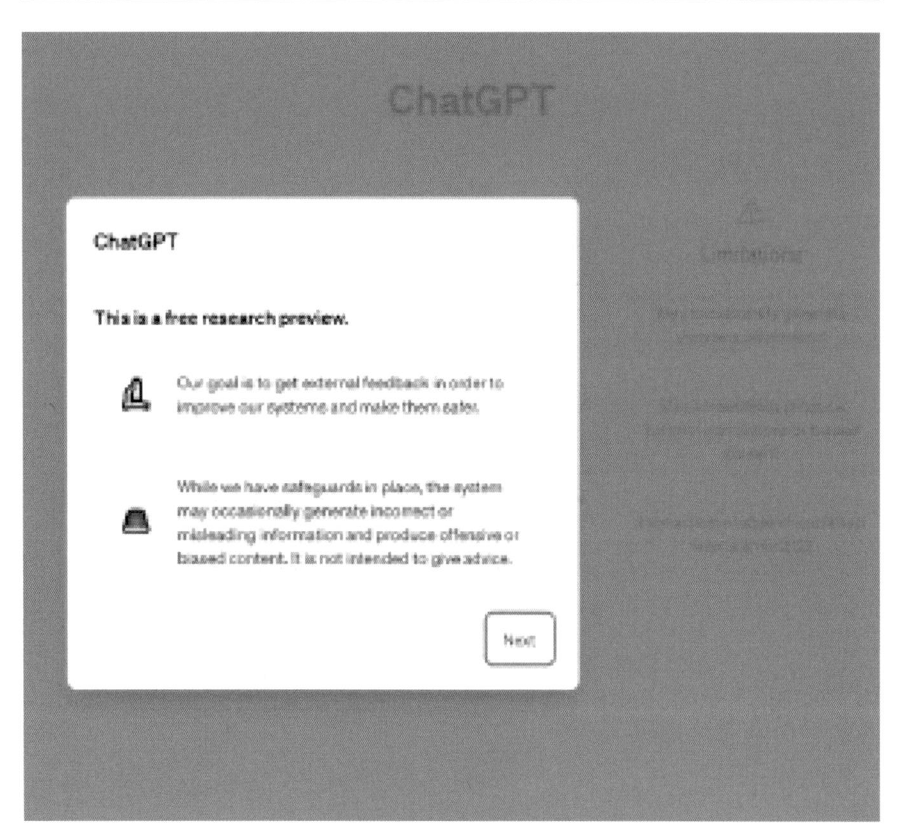

회원 가입이 되었다면 이제 로그인하겠습니다. 로그인이 되었다면 안내 팝업이 뜨는데 'Next', 'Done'을 선택하면 됩니다.

팝업은 챗GPT 사용에 대한 안내 글입니다.

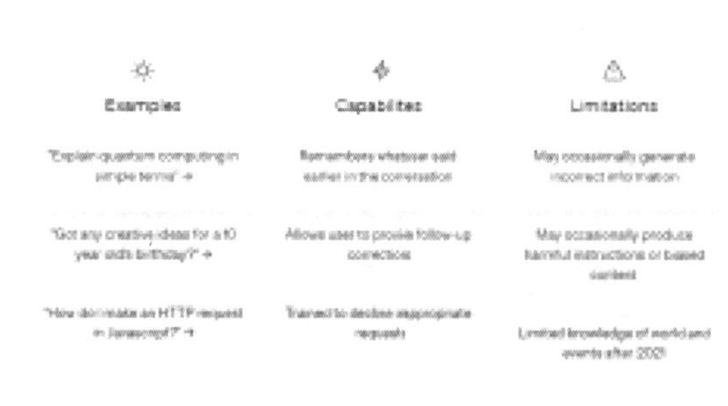

① 대화를 해 보겠습니다. 맨 하단에 글을 적을 수 있는 칸(Send a message)이 있는데 여기에 내용을 적으면 됩니다.

② 다음 내용은 승현이가 챗GPT와 날씨에 대해서 대화한 내용입니다.

Default (GPT-3.5)

안녕!

안녕하세요! 무엇을 도와드릴까요?

오늘 날씨는 무척 더워! 잠시만 바깥에 나갔다 와도 땀이 너무 나고 찜찜해! 짜증이 나는데, 너는 어때?

제가 느낄 수는 없지만, 날씨가 더워서 불편하고 짜증이 날 수 있겠죠. 더위에 대처하는 방법이나 시원한 곳에서 시간을 보내는 것도 좋을 것 같아요. 그래도 저는 항상 여기 있어서 도움을 드릴 수 있어요!

고마워!

천만에요! 궁금한 것이 있거나 도움이 필요하면 언제든지 물어보세요. 즐거운 시간 보내세요!

어른들 말씀에 해가 갈수록 여름이 더 더워지고 있다고 하던데, 왜 그런걸까?

여름이 점점 더워지는 현상은 일종의 기후 변화인 글로벌 워밍(온난화)과 관련이 있을 수 있습니다. 글로벌 워밍은 지구 온난화로 인해 지구 평균 온도가 상승하는 현상을 말하며, 이는 대기 중 온실가스의 농도 증가와 관련이 있습니다. 이러한 온실가스는 주로 인간 활동에서 발생하며, 주요한 예로 이산화탄소(CO2)가 있습니다.

여름이 더 더워지는 이유는 여러 가지인데, 그 중에서는 다음과 같은 요인들이 영향을 미칠 수 있습니다:

1. **온실가스 배출**: 산업, 교통, 에너지 생산 등에서 발생하는 이산화탄소 등의 온실가스가 대기 중에 증가하면, 이러한 가스들이 태양으로부터 들어오는 열을 대기에 가둬서 온도가 상승하게 됩니다.
2. **도시화**: 도시화로 인해 도시 내 열섬 효과가 발생할 수 있습니다. 아스팔트, 콘크리트, 건물 등이 열을 흡수하고 방출하는데, 이로 인해 도시 내 온도가 상승할 수 있습니다.
3. **바다 수면 온도 상승**: 해양에 저장된 열이 지구 온난화로 인해 바다 수면 온도가 상승하게 되면, 바닷물이 주변 지역의 온도를 올려 여름에 더 더워지는 결과를 가져올 수 있습니다.
4. **자연 변화와 피드백**: 지구의 기후 시스템은 복잡한 상호 작용으로 이루어져 있습니다. 한 요인의 변화가 다른 요인에 영향을 주고, 이러한 변화들이 연쇄적으로 작용하여 여름 온도를 상승시킬 수 있습니다.

이러한 요인들이 복합적으로 작용하여 여름이 점점 더 더워지는 현상이 나타나고 있는 것으로 보고되고 있습니다. 이에 대한 대응으로는 온실가스 감축 및 지속가능한 환경 관리와 에너지 정책 등이 중요한 역할을 할 수 있습니다.

너무 어렵다. 난 이제 초등학교 2학년인데, 간단하게 설명해 줄 수 있어?

물론이죠! 여름이 더워지는 이유를 간단하게 설명해 드릴게요.

지구는 온실 같은 역할을 해요. 태양에서 나오는 열이 지구로 들어오면, 그 열이 대기와 바닷물에 흡수되고 저장돼요. 하지만 사람들이 자동차를 타거나 공장을 운영하면서 더 많은 열을 만들어내고, 그 열은 대기에 남아있게 돼요. 이렇게 열이 늘어나면 여름에 더 더워지는 것이에요. 이를 "글로벌 워밍" 또는 "온난화"라고 해요. 이 변화는 여름에 더 더운 날씨를 가져오게 됩니다.

또한, 도시에서는 아스팔트와 건물 등이 열을 흡수하고 방출하는데, 이렇게 열이 모이면 도시가 더욱 더워질 수 있어요. 이걸 "열섬 효과"라고도 해요.

이렇게 여러 가지 이유로 여름이 점점 더 더워지게 되는거야!

그럼 이런 무더운 여름을 잘 보내려면 어떻게 해야 해? 난 정말 이 무더위가 싫다고

무더운 여름을 잘 보내려면 몇 가지 팁을 알려드릴게요! 무더위가 싫다면 이런 방법들을 시도해 보세요:

1. **물 마시기:** 무더운 날씨에는 물을 충분히 마시는 것이 중요해요. 물을 많이 마셔서 신체가 탈수되지 않도록 도와주세요.
2. **서늘한 장소에서 쉬기:** 실내에 에어컨이나 선풍기를 사용해서 시원한 곳에서 쉬는 것도 좋아요.
3. **가볍게 입기:** 가벼운 옷을 입는 것이 더위를 피하는데 도움이 됩니다. 밝은 색상의 옷을 선택하거나 햇빛을 차단해주는 모자나 선글라스도 착용하세요.
4. **물놀이하기:** 수영이나 물놀이를 즐겨보세요. 수영은 시원함을 느끼게 해주고 더위를 날려줄 수 있어요.
5. **음식 조절하기:** 무더운 여름에는 무겁고 뜨거운 음식보다는 가벼운 식사를 선호하는 것이 좋아요. 생과일이나 샐러드 같은 신선한 음식을 먹어보세요.
6. **선크림 바르기:** 햇빛을 많이 받을 때는 선크림을 바르는 것이 피부를 보호하고 더위를 덜 느끼게 해줘요.
7. **시간대 조절하기:** 햇빛이 가장 강한 오전 10시부터 오후 4시까지는 가급적 피하고, 아침 일찍이나 저녁 더 시원한 시간에 활동을 해보세요.
8. **바람 맞는 곳에서 산책하기:** 바람이 불어오는 곳에서 산책하면 시원하게 느껴질 수 있어요.

이런 팁들을 따라서 무더운 여름을 더 즐겁게 보낼 수 있을 거예요. 건강을 위해서도 조심해서 행동해주세요!

우리 엄마가 하는 잔소리와 같네!

그렇게 느끼신다면, 엄마께서는 건강과 편안함을 생각하시는 거겠죠! 엄마의 조언은 항상 소중하니까 잊지 말고 신경 쓰시면 좋을 것 같아요. 무더운 여름에도 건강하고 행복하게 지내세요!

그렇게 느끼신다면, 엄마께서는 건강과 편안함을 생각하시는 거겠죠! 엄마의 조언은 항상 소중하니까 잊지 말고 신경 쓰시면 좋을 것 같아요. 무더운 여름에도 건강하고 행복하게 지내세요!

그래 고마워! 너도 잘 지내!

감사합니다! 저도 항상 여기 있으니까 언제든지 도움이 필요하면 오세요. 좋은 하루 보내세요!

Regenerate

Send a message

③ 정리하고 생각하기.

대화해 보니 챗GPT는 모르는 게 없네요. 승현이가 대화한 챗GPT는 버전 3.5로서 2021년까지의 빅 데이터를 딥 러닝한 언어 모델 인공 지능이기 때문에 매우 똑똑하답니다.

하지만 대답한 정보에 대한 오류도 있을 수 있습니다. 가끔씩 틀린 말을 하는데 왜 그럴까요? 그리고 정말 인간처럼 대화할 수 있는 챗GPT는 인간처럼 감정을 느낄 수는 없는 걸까요?

2 우리 생활이 어떻게 달라질까요?

1. 인공 지능이 불편함을 덜어 줘요

승현 박사님, 웨어러블 디바이스를 사용하는 미래의 사람들은 변화된 삶을 살 것 같아요.

박사님 오, 재미있는 발상이네요!

승현이 말대로 웨어러블 기술에서 더 발전한 기술이 있습니다.

피부에 붙이면 센서를 통해 의사와 같은 역할을 하는 기술이 개발되고 있는데, 이러한 기술을 **전자 피부**라고 부릅니다. 전자 피부는 사람의 피부와 같은 기능을 가지도록 얇은 전자 소재로 만든 인공 피부입니다.

소연 그럼 전자 피부는 사람이 입는 건가요?

박사님 그건 아닙니다. 전자 피부는 앞에서 본 웨어러블 안경, 시계와 달리 사람의 몸에 이식하거나 부착하여 사용합니다. 사용자의 심박수, 체온, 스트레스 정도 등을 재는 의료용 신호와 온도, 자외선 지수 등을 잴 수 있는 환경 신호를 결합하여 환자가 굳이 병원에 가지 않아도 신호를 받은 의사가 진단할 수 있습니다.

승현 저는 영화에서 인공 피부를 가진 캐릭터를 본 적 있어요. 그런데 전자 피부가 사람 피부와 촉감도 같을지 궁금해요.

박사님 좋은 질문입니다. 우리의 피부는 부드럽고, 누르면 아프기도 하고, 누른 자국이 보이죠. 이렇게 사람의 피부는 압력이나 진동과 같은 다양한 감각을 인식할 수 있습니다. 조금 더 나아가서 사람의 피부는 상처가 생기면 자연적으로 나을 수 있는 능력을 가지고 있죠? 이렇게 감각을 느끼면서 상처를 스스로 낫게 할 수 있는 능력을 가진 **슈퍼 피부** 기술이 있습니다. 슈퍼 피부는 스스로 상처를 낫게 하고, 감각을 느낄 수 있는 **자가 치유 반도체**를 가지고 있어서 사람의 피부보다 훨씬 예민하죠.

소연 박사님, 그런데 실제로 이런 기술을 이식받은 사람이 있나요?

박사님 전자 칩을 몸에 삽입한 영국 여성이 있습니다. 윈터 므라즈라는 이 여성은 몸에 여러 개의 **전자 칩**을 삽입했는데, 왼손에는 집 열쇠 기능을 하는 칩, 오른손 칩에는 카드, 의료 정보와 같은 개인 정보가 들어 있습니다. 물건을 살 때 오른손만 내밀면 결제가 가능하죠.

승현 박사님, 듣고 보니까 조금 이상하다는 생각이 들어요. 편리하지만 사람이 아니라 로봇 같기도 하고요.

박사님 그럴 수 있겠네요. 승현이뿐만 아니라 전자 피부는 인체에 칩을 심는 것이라고 반대하는 사람들도 있습니다. 그럼 우리 함께 전자 피부의 장단점에 대해 생각해 보는 시간을 가져볼까요?

2. 기계일까요? 사람일까요?

승현 박사님, 저 어제 엄마 아빠와 영화를 봤는데, 주인공이 슈트를 입고 하늘을 날아다녔어요!

박사님 맞아요. **로봇 수트(robot suit)**를 입으면 하늘을 날아다닐 뿐만 아니라, 힘도 세져서 악당을 물리치기도 하죠? 승현이도 그런 슈트를 입어 보고 싶어요? 그걸 입고 그 주인공 같은 능력이 생기면 무엇을 하고 싶어요?

로봇 수트란?
로봇 팔이나 다리 등을 사람에게 장착해서 근력을 높여 주는 장치를 말합니다.

승현 시골에 사시는 할머니 할아버지를 눈 깜짝할 사이에 가서 뵙고 싶어요. 차를 타고 서너 시간은 걸리는 곳이라 늘 가고 싶은데, 자주 갈 수가 없어서 아쉽거든요. 할머니 할아버지께서 맛있는 것도 해 주시고, 옛날이야기도 많이 해 주세요. 얼마나 재미있는지 몰라요. 그리고 참, 할머니 할아버지께서 이제는 밭일하시는 것을 힘들어 하세요. 제가 돕고 싶지만, 저도 잘 못 하거든요. 그래서 그런 수트가 생기면 할머니 할아버지께 선물하고 싶어요.

박사님 할머니 할아버지를 생각하는 승현이 마음이 참 곱군요. 우리 승현이에게 기쁜 소식을 알려줄까요? 그런 슈트가 이제 일상에서 사용되기 시작했어요. 실제로 우리나라에서 적은 힘으로 무거운 짐을 들 수 있는 '수트봇(SuitBot)'이 개발되었어요. 허리와 다리에 입으면, 다리 힘이 세져요. 그래서 무거운 것들을 들어 옮겨야 할 때 사용할 수 있어요. 집 지을 때도 무거운 재료들을 많이 들어야 하니까 이런 곳에 사용할 수 있겠죠? 이런 장치를 또 어디에다 쓸 수 있을까요?

승현 혹시 다리가 불편한 사람들에게도 도움이 되려나요?

박사님 오오, 좋은 생각이에요. 다리가 아프거나 다쳐서 걷는 것이 힘든 사람들에게 큰 도움이 돼요. 걷지 못하는 사람이 이것을 이용해서 걸을 수도 있어요. 정말 좋은 일이죠?

소연 박사님, 수트봇은 기계인데, 입은 사람이 어떻게 움직이고 싶다는 생각을 알고 도와줘요?

박사님 지금은 다리 힘을 더 강하게 받쳐 주는 데 불과하지만, 이 기계를 만든 회사에서는 여기에 인공 지능을 연결해서 우리처럼 스스로 학습도 할 수 있게 만들 계획이라고 해요. 이것을 착용한 사람의 뇌 신호를 읽어서 착용자의 생각대로 움직이는 것이지요. 사용자의 생각을 읽고, 또 장애물은 없는지 따위의 주변 상황을 파악해서 스스로 판단하고 움직이게 되는 거예요. 놀랍지요? 그래서 나중에는 우리가 이렇게 하고 싶다는 생각만 해도 알아서 움직이게 된다고 합니다. 이런 기계를 **뇌 조종 외골격 로봇**이라고 해요. 우리가 생각할 때 나오는 뇌파를 읽어서, 몸에 착용한 로봇을 움직인다는 뜻이에요.

실제로 2019년 10월 팔과 다리를 움직일 수 없는 청년이 이 기술을 사용해서 걷게 된 일이 있어서 크게 화제가 되었어요. 다리를 쓰지 못하는 장애인이 직접 외골격 로봇을 움직이며 걸은 적이 없었기 때문입니다. 개발자는 이 기술을 더 발전시켜서 사람의 생각도 바로 파악하도록 할 것이라고 합니다.

사고력과 창의력 키우기

화상을 입은 친구에게 좋은 소식이 있습니다. 바로 자신의 살과 비슷한 '전자 피부'를 이식받을 수 있다는 것인데요. 여러분은 실제 사람 피부는 아니지만, 내 피부와 똑같이 작용할 수 있는 슈퍼 피부를 이식받겠습니까? 만약 아니라면, 그 이유는 무엇이고, 또 다른 방법은 무엇이 있을까요?

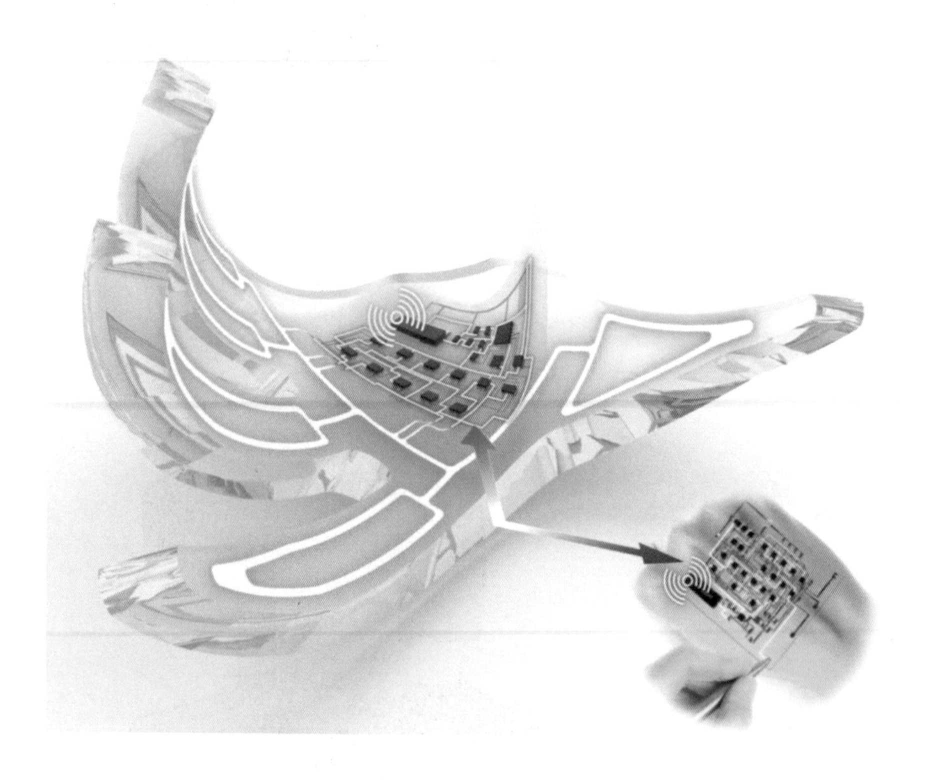

전자 피부 내부 모습.

사고력과 창의력 키우기

슈퍼 강아지가 있다면 어떨까요? '슈퍼 피부'를 사람이 아닌 강아지 같은 동물에게도 이식할 수 있다면 스스로 상처도 치유할 수 있는 '슈퍼 강아지'가 등장할 수 있지 않을까요? 만약 가능하다면 누구에게 슈퍼 피부를 이식하고 싶나요? 이식해서 가지고 싶은 능력은 무엇이 있는지 상상해 보고, 친구들과 의견을 나눠 봅시다.

■ 활동 1 인공 지능으로 카멜레온 만들기

여러분 카멜레온을 아나요? 카멜레온은 피부색을 주변과 비슷하게 바꿔서 천적의 눈을 피하지요. 카멜레온은 인공 지능 피부처럼 주변의 색깔로 자동으로 변하는 능력을 가지고 있어요. 우리도 인공 지능으로 카멜레온을 만들어 볼까요?

---

① 준비: 웹캠이 장착된 컴퓨터나 노트북이 필요하니 부모님이나 선생님의 도움이 필요할 것 같아요. 도움을 요청하세요. 인공 지능 컴퓨터를 훈련시킬 빨간색, 파란색, 초록색의 물체를 여러 개 준비하세요.

---

② 웹캠을 사용하여 다양한 색상의 물체를 사진으로 찍은 다음 인공 지능 컴퓨터를 학습시켜서 카멜레온이 색상을 인식하여 변하게 되는 원리를 만들어 볼 거예요. 인터넷에서 머신 러닝 사이트로 이동하여 인공 지능 컴퓨터를 훈련시켜 볼게요. (앞에서도 사용했던 사이트 https://machinelearningforkids.co.uk/예요.)

프로젝트 이름은 'Chameleon', 프로젝트 타입은 '인식 이미지', 저장 방식은 'In your web browser'로 만들고 '훈련' 버튼을 선택합니다.

③ 준비된 컴퓨터 화면에 '새로운 레이블 추가' 버튼을 눌러 색깔별로 레이블을 만듭니다. (red: 빨간색, green: 초록색, blue: 파란색)

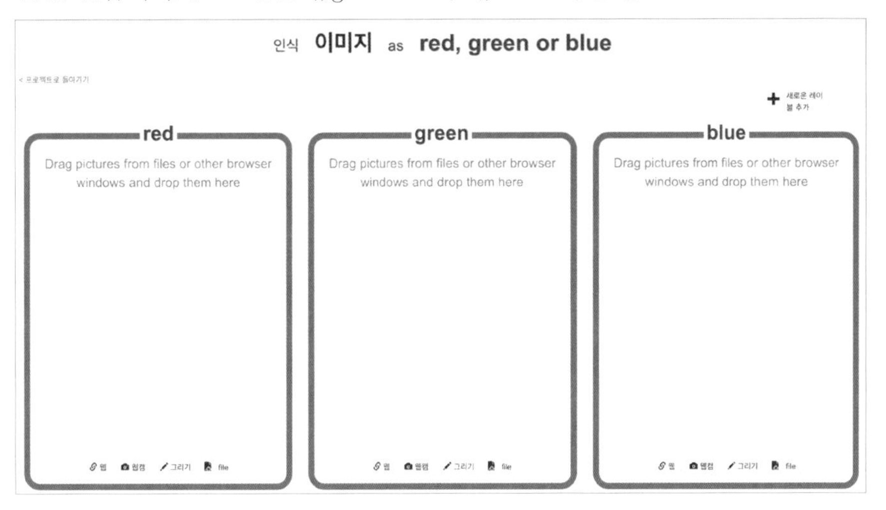

④ '웹캠' 버튼, '추가' 버튼을 눌러 빨간색, 초록색, 파란색의 각각의 물체 사진을 10장 이상 찍습니다. 가능하다면 모두 다른 물체를 찍는 게 좋지만 그렇게 하지 못할 때는 다른 각도에서 물체를 찍거나 거꾸로 뒤집어서 찍어 주세요.

⑤ '프로젝트로 돌아가기' 버튼을 눌러, '학습 & 평가'로 들어갑니다. '새로운 머신 러닝 모델을 훈련시켜 보세요.' 버튼을 누르면 머신 러닝으로 학습을 완료합니다.

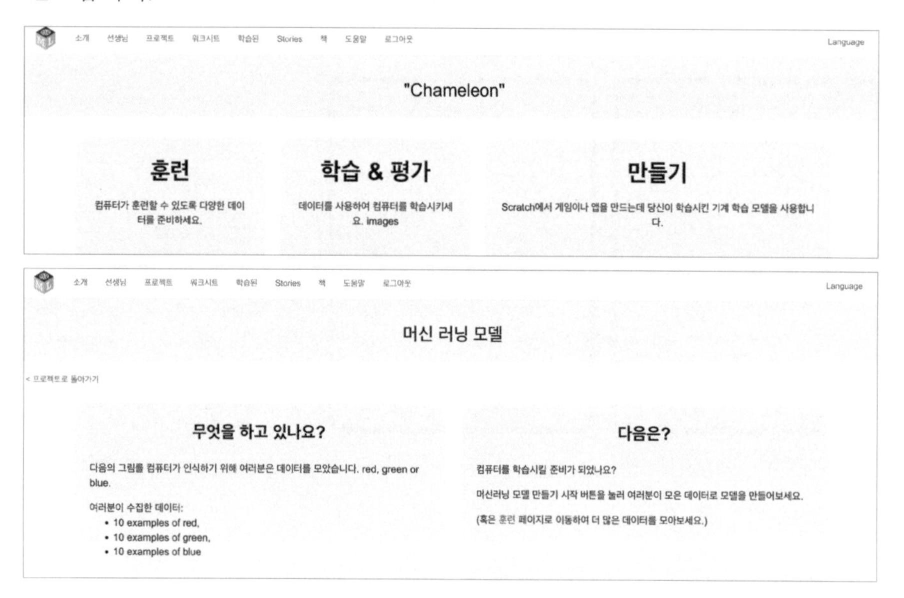

⑥ 아래처럼 '훈련 중(Training)'에서 '이용할 수 있음(Available)'으로 바뀌면 훈련이 다 된 것입니다.

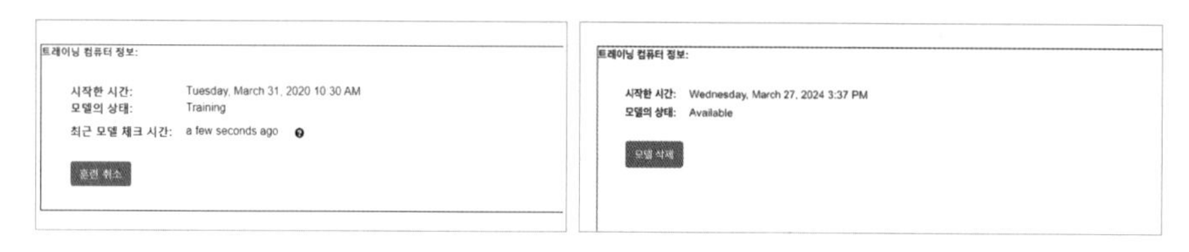

⑦ '프로젝트로 돌아가기' 버튼을 눌러, 똑똑한 인공 지능 컴퓨터를 사용하여 어디든 숨을 수 있는 카멜레온을 완성할 겁니다. '만들기'로 들어가세요. 그리고 '스크래치 3 열기'를 선택하세요.

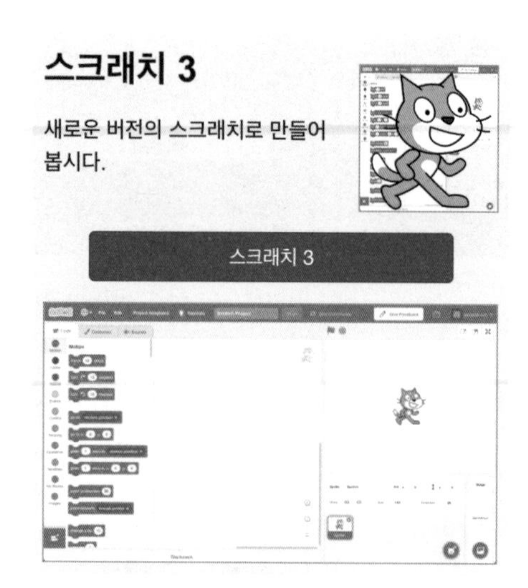

⑧ 왼쪽 위의 '프로젝트 템플릿'을 누른 후 '카멜레온'을 선택해 주세요.

메뉴바의 '프로젝트 템플릿'을 눌러 주세요.

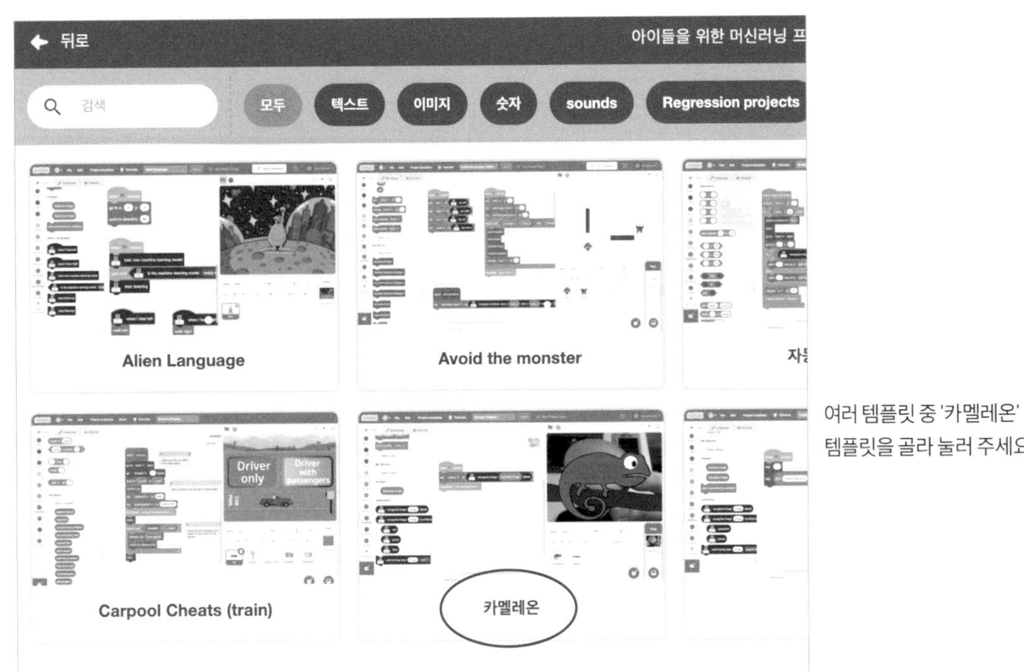

여러 템플릿 중 '카멜레온' 템플릿을 골라 눌러 주세요.

메뉴바 밑에 있는 '모양' 탭을 눌러 주세요.

⑨ 검은색 선으로 그려진 카멜레온 그림이 만들어질 겁니다. 그러면 '윤곽선(outline)' 모양을 마우스 오른쪽 클릭을 한 다음 복사를 선택합니다.

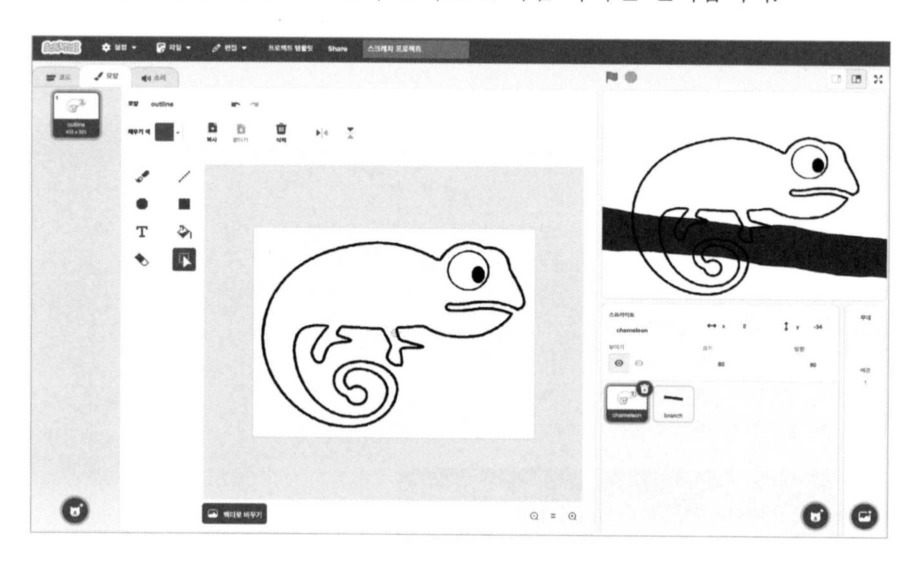

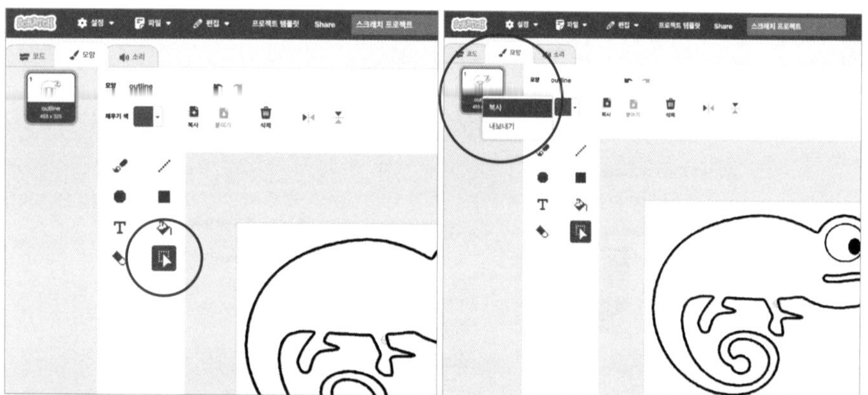

그림의 윤곽선을 따기 위해 오른쪽 클릭을 해 주세요.

'복사'를 클릭해 주세요.

⑩ 그리고 모양 이름을 색깔 이름으로 바꿔 주세요. 이때 이름이 정확하지 않으면 나중에 프로그램이 작동하지 않을 수 있습니다.

⑪ 물론 카멜레온의 채우기 색도 바꿔 줘야겠죠? '채우기' 버튼을 눌러서 색깔을 선택한 다음 카멜레온 그림에다가 대고 찍으면 카멜레온 색깔이 변경돼요.

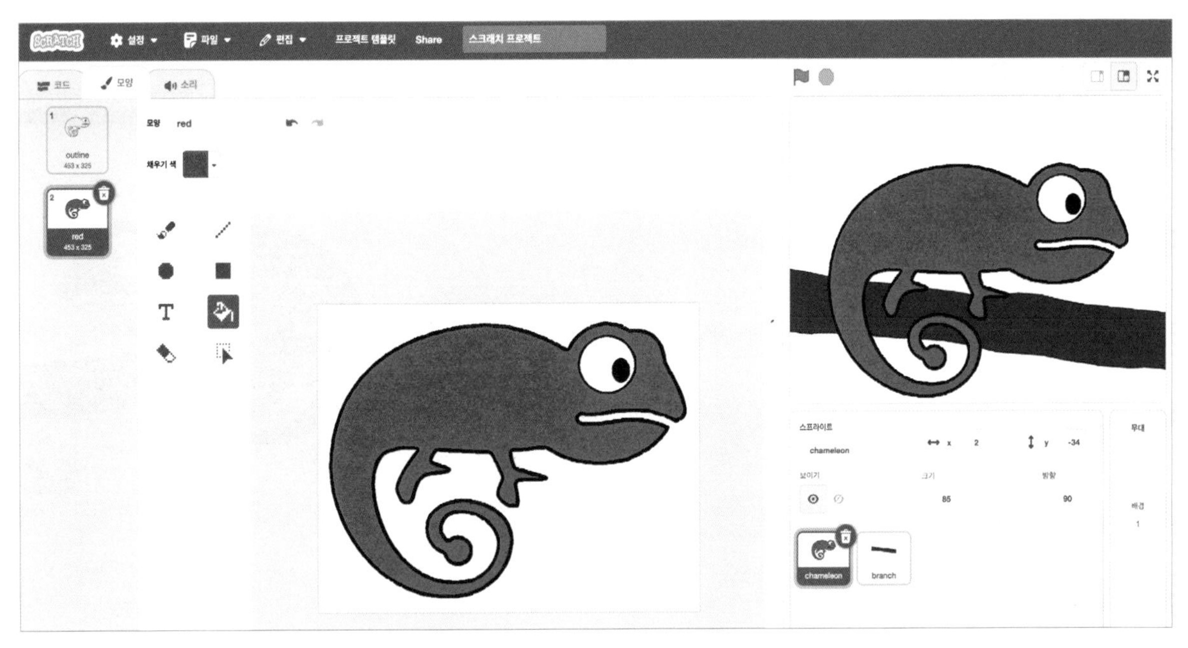

빨간색 채우기 버튼으로 카멜레온에 색을 입혀 줬어요.

⑫ 이런 식으로 빨간색, 초록색, 파란색 카멜레온들을 만들어 보세요.

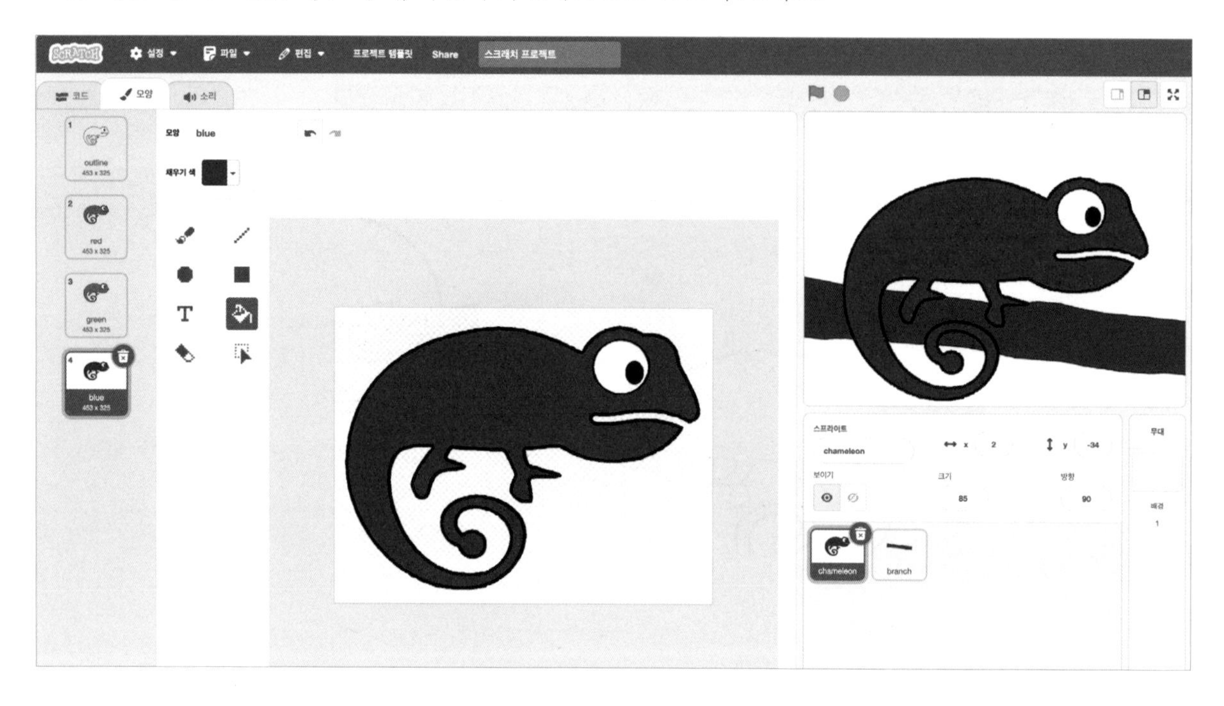

⑬ 그 후 '코드' 버튼과 '무대' 버튼을 눌러 주세요.

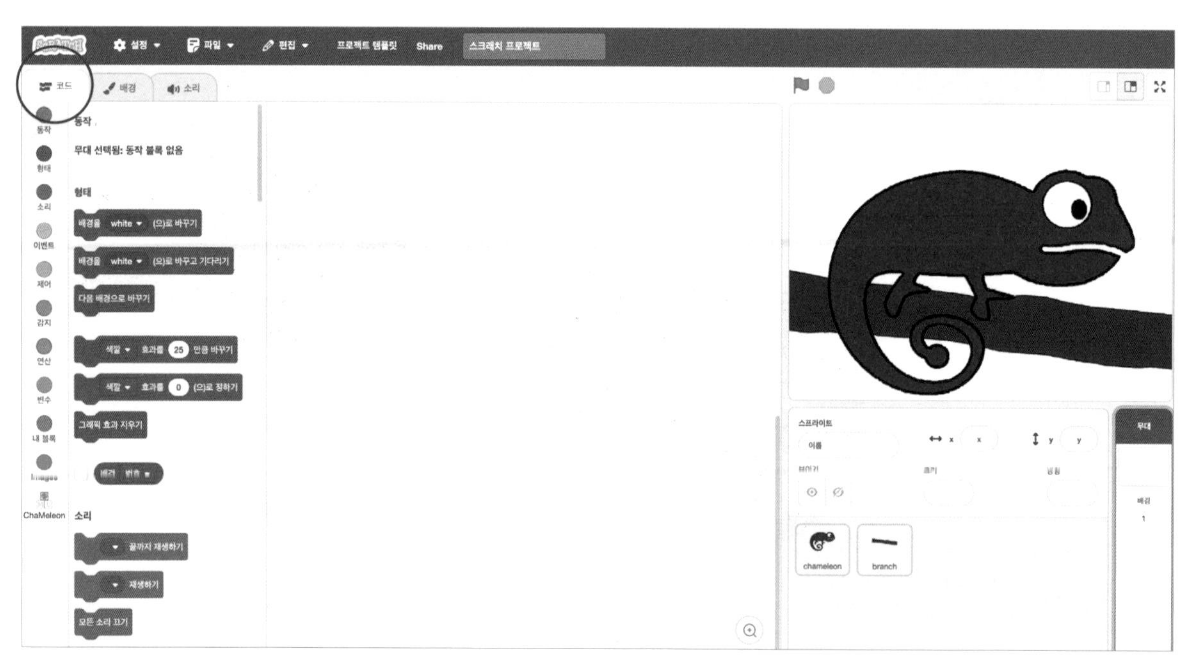

⑭ 아래와 같이 블록들을 완성해 줍니다.

⑮ 초록 깃발을 클릭하면 배경의 색상을 인식한 다음 카멜레온에게 어떤 색상으로 변경해야 하는지 알려주는 이벤트를 보냅니다. 초록 깃발을 클릭하면 모양을 outline으로 바꾸고, 웹캠으로 촬영되는 이미지인 Webcam Image를 인식한 모양으로 바꿔 줍니다. 즉 웹캡으로 인식된 색깔의 카멜레온으로 바꿔 줍니다.

자 이제 본격적으로 배경을 바꿔 볼까요? 배경을 클릭하여 배경 이미지를 바꾸는 화면으로 갑니다. 초록 깃발을 눌러 실행해 보세요. 그리고 웹캠 앞으로 원하는 것을 잘 보이게 가까이 가져가 보세요. 카멜레온의 색깔이 웹캠에 찍히는 사물의 색깔로 바뀌는 것을 볼 수 있어요.

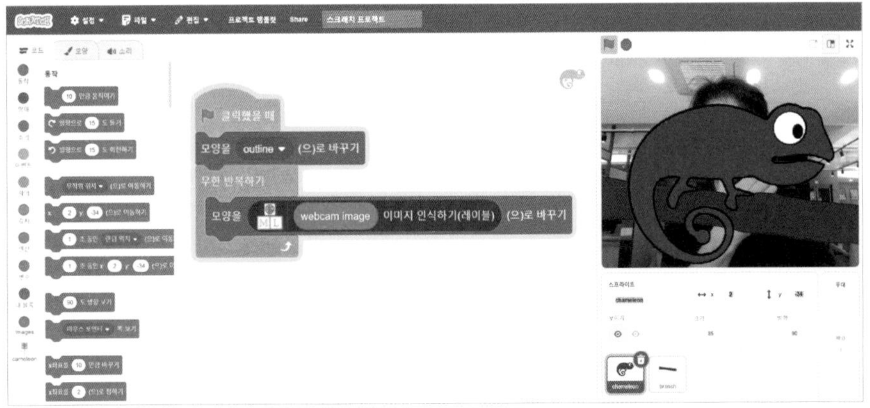

'배경'이라고 씌어진 탭을 눌러 주세요.

⑯ 인공 지능 컴퓨터에 색깔 학습을 통해 배경색을 인식하고 이를 이용해서 배경색에 따라 색이 변하는 카멜레온을 완성했어요. 좀 더 정확한 결과를 얻으려면 각 색별로 사진을 더 많이 올려서 인공 지능 컴퓨터를 훈련시켜 보세요.

⑰ 정리하고 생각하기.

만약 혀를 내밀어 10개의 사진을 찍어서 올린 다음 인공 지능 컴퓨터에 훈련시키면 어떻게 될까요? 카멜레온에 몸 색깔을 추가한 다음 혀를 찍은 사진을 가리키면, 혀가 튀어나온 것을 인식하여 바로 그 몸 색깔로 바뀐답니다.

색상을 인식하는 인공 지능이 가장 필요한 곳은 어디일까요? 아마도 자동차가 쌩쌩 달리는 자동차 도로가 아닐까요? 현재 한창 개발되고 있는 자율 주행 자동차는 인공 지능이 알아서 운전을 해 주기 때문에 신호등의 불빛 색깔도 잘 구별해야 해요.

사람은 색깔을 알아서 잘 구별하지만 색은 햇빛의 세기에 따라서 다르게 보이기 때문에, 인공 지능이 일상 환경에서 색깔을 정확하게 구분하는 것은 매우 어렵답니다. 그래서 어떻게 색깔을 훈련시키느냐가 중요합니다.

5부

나는 가상 현실 전문가입니다

1. 꿈과 현실

1. 영화 속 세상이 현실로 튀어나와요
2. 상상의 세상

■ 사고력과 창의력 키우기

활동 1 VR 안경 만들기

활동 2 VR 강아지와 놀기

2. 나만의 가상 현실

1. 가자! 가상 현실 박물관으로!
2. 가상 현실로 그림을 그려 볼까요?

■ 사고력과 창의력 키우기

1 꿈과 현실

1. 영화 속 세상이 현실로 튀어나와요

박사님 꿈 이야기를 해 볼까요? 현실을 꿈처럼 느낀 적이 있나요?

소연 네, 꿈에 신기한 놀이동산에서 뛰어놀고 있었어요. 아침에 잠에서 깼는데 놀이동산인지 내 방인지 헷갈렸어요.

박사님 꿈과 현실은 어떻게 구분하나요?

소연 아빠가 그러는데 꼬집었을 때 아프면 현실이고 안 아프면 꿈속이래요.

승현 눈을 감고 상상하는 건 꿈속이고 눈을 뜨고 보이는 건 현실이 아닐까요?

박사님 꿈, 상상, 기억은 눈을 감아도 보이는 것 같고, 현실은 눈을 감으면 보이지 않지요. 그런데 눈앞에 보이는 것은 다 진짜 있는 것일까요? 우리가 영화나 드라마에서 보는 것은 진짜인가요?

승현 친구랑 극장에 가서 무서운 괴물이 나오는 영화를 봤어요. 영화 속에만 있고 진짜가 아닌데도 괴물이 나한테 오는 것 같아서 너무 무서웠어요.

박사님 영화 속에서 뛰어다니는 공룡은 진짜 있는 걸까요? 공룡은 멸종해서 지금은 없지만, 영화에서 보는 공룡은 진짜 같아요. 특수 안경을 쓰고 보는 영화에서는 공룡이 나에게 달려드는 것 같아서 무섭기까지 하지요. 이런 영화를 3D 영화라고 해요. 입체 영화라고도 하지요. 평평한 그림이나 사진이 아니라 내 옆에서 정말 살아 움직이는 것처럼 느껴집니다.

그런데 영화관의 스크린은 사실 평평하지요. 이 특별한 안경이 있어야 입체로 진짜처럼 보입니다. 이 안경을 쓰고 영화를 보다가 안경을 벗으면 영화 화면이 둘로 나뉘어서 어지럽게 보일 거예요. 그리고 다시 안경을 쓰면 하나의 화면이지만 입체적으로 보입니다. 어떻게 된 걸까요? 이것은 오른쪽과 왼쪽 눈이 각각 다른 영상을 보기 때문에 입체로 보이는 거예요.

소연 오른쪽과 왼쪽 눈에 다른 영상이 보인다고요?

박사님 보는 각도가 다른 같은 영상이라고 하는 것이 더 정확하겠군요. 소연이는 한쪽 눈을 가리고 앞을 본 적이 있나요?

소연 네, 오른쪽 눈을 가리고 왼쪽 눈으로만 보면 이상해요.

승현 다 안 보이는 건 아니지만 오른쪽 눈을 가리면 오른쪽에 서 있는 친구 모습이 보이지 않아요.

박사님 여러분 친구의 얼굴을 서로 마주 볼까요? 양쪽 눈의 거리가 떨어져 있지요? 그래서 오른쪽 눈과 왼쪽 눈이 보는 위치가 다르답니다. 입체 영화는 이런 원리를 이용해서 카메라 2대로 촬영합니다. 마치 사람의 눈 2개로 앞을 보는 것처럼 말이지요.

2. 상상의 세상

박사님 현실에는 없지만 진짜 있는 것처럼 보이게 하는 기술이 있습니다. 바로 **가상 현실**입니다. 가상 현실은 1938년 프랑스의 극작가 앙토냉 아르토가 만들어 낸 말입니다. 진짜처럼 경험해 보는 다양한 가상 현실이 있습니다. 자동차나 비행기 운전 연습, 멀리 있는 로봇 움직이기, 게임 등에 사용됩니다. 처음에는 군대에서 훈련할 때 사용하려고 만들었다고 합니다. 가상 현실을 이용하면 멀고 위험한 곳에 가지 않고도 안전하게 직접 체험하는 것처럼 훈련할 수 있습니다.

승현: 가상 현실을 경험하기 위해서는 무엇이 필요한가요?

박사님: 가상 현실을 체험하기 위해서는 컴퓨터와 가상 현실을 보는 도구가 필요합니다. 머리에 쓰고 눈앞에 영상을 보여 주는 도구와 손에 쥐거나 팔에 착용하는 도구를 사용합니다. 컴퓨터가 머리의 위치와 팔의 동작을 읽어서 가상 현실 영상에 적용합니다. 그래서 머리를 숙이면 발아래의 모습이 보이고 팔을 휘두르면 가상 현실 속의 물건을 휘두를 수 있는 것이지요.

소연: 가상 현실은 또 어떤 것에 사용되나요?

박사님: 3D 영화나 자동차 운전 말고도 다양하게 사용됩니다. 미술관이나 박물관에서 작품을 입체적으로 감상할 수 있게 해 주고 놀이 공원에서도 관객들에게 새로운 경험을 할 수 있게 해 주지요. 뿐만 아니라 시간과 장소에 상관없이 공연을 보고 싶어 하는 사람들을 위해서 가상 현실 콘서트를 제작하기도 합니다.

소연: 가상 현실로 마술 쇼를 본 적이 있어요. 마술사가 바로 제 옆에 있는 것 같아서 신기했어요.

승현: 앞이 막힌 안경 같은 것을 쓰고 게임을 하는 사람들을 보았어요. 앞이 보이지 않는데 보이는 것처럼 행동하는 모습이 재미있었어요.

박사님: 가상 현실 체험을 할 때에는 주변에 위험한 물건을 두지 않아야 합니다. 그리고 너무 오래 사용하면 어지러울 수 있으니 조심해야 합니다.

사고력과 창의력 키우기

텔레비전 화면이나 스크린에 나타난 모습을 보고도 두려움을 느끼는 것은 왜 그럴까요? 맛있어 보이는 음식이 화면에 나오면 군침이 돌고 눈 덮인 산에서 신발도 없이 달리는 사람이 나오는 장면은 춥게 느껴지기도 해요. 인간은 눈, 코, 입, 피부, 귀 등을 통해 보고 냄새 맡고 맛보고 듣지요. 하지만 내가 먹거나 피부로 느끼지 않아도 다른 사람이 레몬을 먹고 차가운 것을 만지는 것을 보면 나도 같은 느낌이 들 때가 있습니다. 이것은 내가 상대방에게 공감하기 때문입니다. 그리고 상상력으로 그 상황을 내가 겪는 것처럼 느낍니다. 3D 영화 속의 공룡 같은 가상 현실은 과학적인 방법을 써서 더욱 실감이 나지요.

사고력과 창의력 키우기

『오즈의 마법사』는 캔자스 농장에 살던 도로시가 회오리바람에 실려 마법의 나라 오즈에 도착하면서 벌어지는 신기한 경험에 관한 이야기입니다. 이 이야기에 등장하는 오즈의 마법사는 사실 나이 많은 평범한 남자였지만 **홀로그램**을 이용하여 가짜 마법사 행세를 합니다. 마법 나라의 사람들은 모두 그를 위대한 마법사라고 했지만, 그가 만든 가상의 현실에 속고 있었지요. 하지만 지혜를 원했던 허수아비, 용기를 원하는 사자, 심장을 원했던 나무꾼에게 주었던 가짜 해답들은 각자가 가지고 있던 진심을 이끌어 냅니다. 모든 것은 각자의 마음과 행동과 생각에 달려 있었습니다. 1900년에 출판된 프랭크 바움의 이 동화는 가상의 세상 속에 숨겨진 현실을 잘 표현한 작품입니다. 지금의 가상 현실 세상을 바움이 보았다면 어떤 말을 했을까요?

홀로그램이란?
평면의 이미지이지만 실물과 똑같이 입체적으로 보이는 이미지를 말합니다. 신용 카드나 지폐의 위조 방지에 사용되는 기술입니다.

■ 활동1 VR 안경 만들기

가상 현실을 체험하려면 특수한 안경이 필요해요. 헤드 마운트 디스플레이, 즉 머리에 착용하는 디스플레이 장비를 HMD라고 하는데 VR 안경은 그중 하나입니다. 'VR 안경 만들기 키트'를 준비해 주세요. 골판지 접기를 통해 부모님의 핸드폰(스마트폰)을 결합하면 멋진 가상 현실을 체험할 수 있어요. 'VR 안경 만들기 키트'는 구글이라는 인터넷 회사에서 가상 현실을 저렴한 비용으로 체험할 수 있게 만든 것이랍니다.

① 부모님 또는 선생님의 도움을 받아서 VR 안경을 만듭니다. 설명서를 보고 스스로 만들 수 있다면 더욱 좋고요.

아래의 그림 설명서를 보고 조립해 보세요.

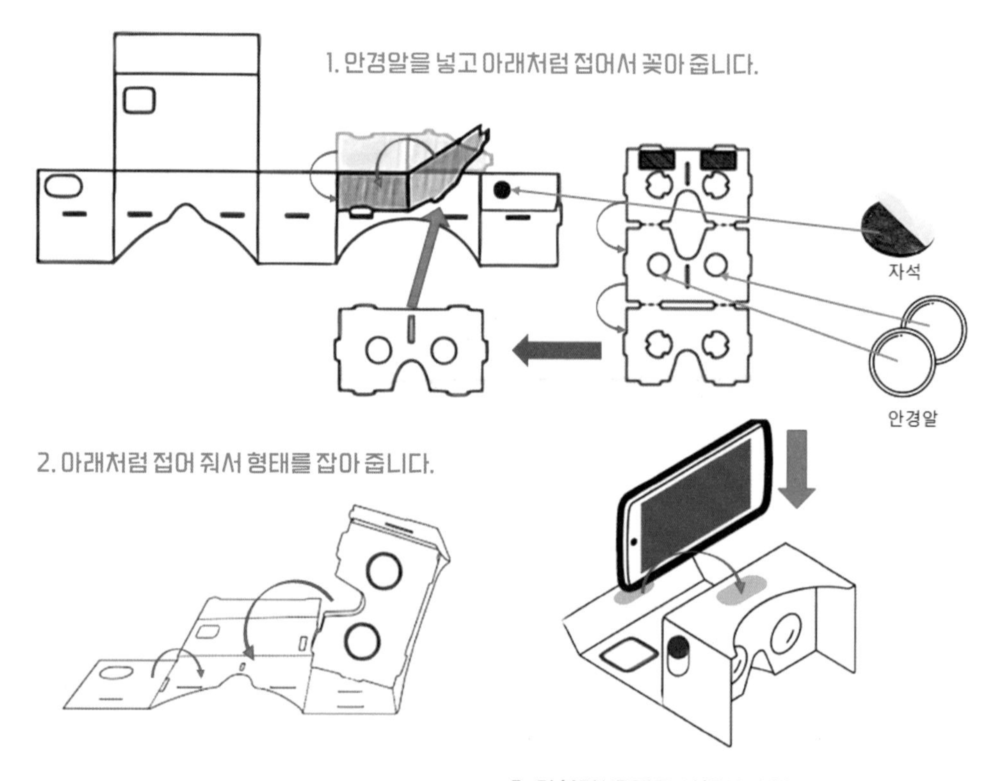

② 정리하고 생각하기.

이렇게 만들어진 안경으로 어떻게 가상 현실이 펼쳐질까요? 사람은 눈이 2개인데 사물을 바라볼 때 왼쪽 눈과 오른쪽 눈이 사물을 조금 다른 각도로 보게 되고, 우리의 뇌가 이 2개 이미지를 인식하면서 사물이 가까이 있는지 멀리 있는지 판단하게 되는 거예요. 우리가 만든 안경은 스마트폰 영상을 이렇게 왼쪽 눈과 오른쪽 눈이 보는 이미지를 따로 보이게 하는 원리로 뇌가 스마트폰에서 보여 준 이미지가 실제 사물이라고 착각을 일으키는 원리를 가지고 있어요. 그런데 한쪽 눈으로만 사물을 보면 사실적으로 보이지 않을까요? 한쪽 눈을 사용 못 하는 사람들은 사물이 가까이 있는지 멀리 있는지 왜 인지하지 못할까요?

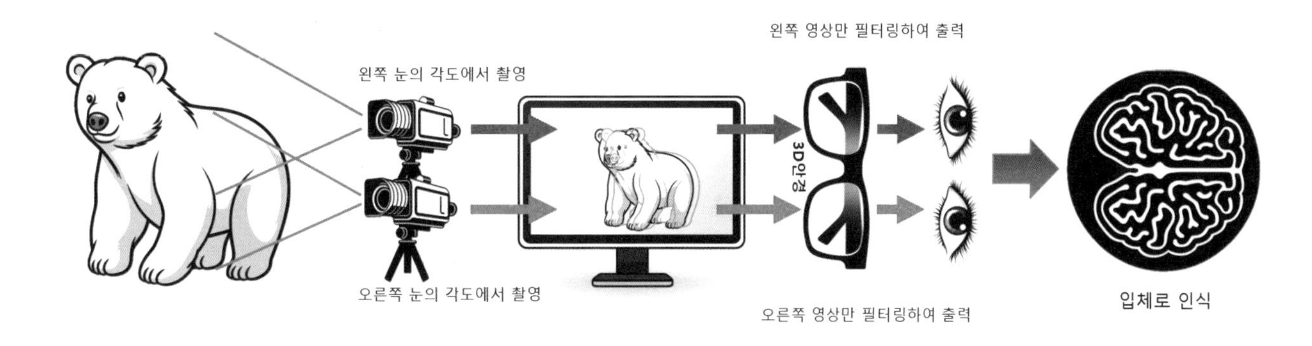

2 나만의 가상 현실

1. 가자! 가상 현실 박물관으로!

박사님 여러분은 박물관이나 미술관에 가 봤나요? 아마 부모님과 혹은 선생님과 함께 갔겠지요? 박물관에 가기 전에 무엇을 공부하나요?

승현 박물관에 있는 물건을 만지면 안 된다고 배웠어요. 그리고 미리 박물관에는 무엇이 있고 무엇을 배울지 공부를 했어요.

박사님 박물관에 어떤 것들이 있었어요?

승현 오래된 보물이나 동물의 뼈가 있었어요.

박사님 만약에 오래된 화살촉과 화살대를 여러분이 직접 연결해 볼 수 있다면 어떨까요? 그리고 공룡의 뼈에 살이 붙고 비늘이 덮여서 살아 움직이는 모습을 직접 보게 되면 어떤 기분이 들까요?

승현 신기할 것 같아요. 공룡은 지금 살아 있지 않은데 살아 있는 것처럼 보이는 거잖아요? 눈앞에서 공룡이 뛰어다니는 모습을 본다면 무섭기도 하고 재미있을 것 같아요.

다음 참고 링크도 들어가 보세요. 국립 중앙 박물관의 온라인 전시관, 국립 현대 미술관의 디지털 미술관, 미국 자연사 박물관 그리고 구글이 만든 가상 현실 박물관이랍니다.

국립 중앙 박물관 온라인 전시관

https://www.museum.go.kr/site/main/exhiOnline/list

국립 현대 미술관 디지털 미술관

https://mmca.go.kr/digitals/digitalMain.do

미국 자연사 박물관

https://player.vimeo.com/video/321519560

구글 가상 현실 박물관

https://www.youtube.com/watch?v=BH1AvqYXwHQ

소연 박물관에 가면 항상 물건이나 박제가 움직이지 않고 가만히 있어서 재미가 없었어요. 움직이지 않던 물건이 가상 현실에서는 어떻게 움직이는 거예요?

박사님 가상 현실로 볼 수 있는 표시를 기계에 가져다 대면 화면에 영상이 나타나면서 움직입니다. 이 움직이는 모습은 미리 컴퓨터로 만들어 두어요. 특별한 표시를 기계가 인식하면 그때 화면이 움직이게 되어 있어요.

승현 박물관이 갑자기 공룡이 살던 시대의 모습으로 변하고 그때 살던 동물과 식물들로 가득 찬다면 훨씬 재미있을 것 같아요.

소연 그리고 저는 아프리카에서 뛰어노는 기린을 보고 싶어요. 동물원이 아니라 아프리카 초원에서 코끼리랑 얼룩말이랑 같이 있는 기린을 가까이에서 볼 수 있다면 정말 멋질 것 같아요.

박사님 승현이와 소연이가 원하는 가상 현실 박물관이 꼭 만들어졌으면 좋겠어요.

2. 가상 현실로 그림을 그려 볼까요?

소연 박사님, 꿈속에서 예쁜 코끼리 그림을 그렸는데 코끼리가 살아나서 하늘을 날아다녔어요. 너무나 아름답고 신기했는데 꿈에서 깨고 나니 사라지고 없어서 아쉬웠어요.

세민 저는 모래로 성을 쌓았는데 진짜 성이 돼서 제가 성안을 뛰어다니는 꿈을 꾸었어요. 그리고 손으로 만지는 모든 것이 반짝반짝 빛나고 색깔도 변해서 예뻤어요.

박사님 정말 아름다운 꿈을 꾸었군요. 꿈속에서는 신기한 일들이 일어나지요? 상상했던 것이 현실이 되거나 현실처럼 느껴진다면 굉장할 거예요. 아까 말한 가상 현실로 공룡이 우리 눈앞에 튀어나왔던 것처럼 우리가 꿈꾸거나 상상한 것도 눈앞에 볼 수 있어요.

소연 그러면 코끼리가 살아나서 날아다니게 할 수 있어요?

박사님 컴퓨터로 그림을 그리고 애니메이션으로 움직이게 하면 돼요. 컴퓨터로 그림을 그리는 것과 종이에 그림을 그리는 것은 분명히 다릅니다. 현실에서 그림을 그리기 위해서는 종이와 물감, 연필 등 재료를 잘 다룰 수 있어야 합니다. 컴퓨터도 다양한 도구를 잘 다루어야 멋진 그림을 그릴 수 있지만 현실에서 재료를 가지고 연습하는 것과는 많은 차이가 있습니다.

예술가들이 가상 현실에서 그림을 그리게 된 것은 그렇게 오래되지 않았습니다. 가상 현실을 체험하기 위한 다양한 도구를 사용해서 가상 현실 안에서 그림을 그립니다. 그림을 그리는 사람은 몸을 이리저리 움직이면서 그림을 그리게 되는데, 마치 여러분이 미술 시간에 찰흙으로 무엇인가를 만들 때 찰흙을 이리저리 굴리고 만지는 것과 비슷한 동작을 합니다. 입체적인 그림이 가상 현실 속에서 완성됩니다. 이 그림을 잘 감상하기 위해서는 가상 현실을 보기 위한 도구를 사용해야 합니다.

소연 가상 현실에서는 어떻게 그림을 그려요?

박사님 우선 도구가 필요한데, 나의 동작을 컴퓨터가 알아챌 수 있도록 하는 기계를 사용합니다. 컴퓨터는 먼저 사용자의 눈이 어디를 보는지, 붓이 어떻게 이동하는지 알아야 합니다. 그래야 가상 현실에서 그림을 그리는 사람이 자신이 보는 것과 동일하게 화면이 변화하는 것을 보면서 그림을 그릴 수 있습니다. 컴퓨터와 시선을 맞추고 쌍둥이처럼 움직여서 그림을 그려 나가는 거예요.

그리고 **트래킹**이라는 기술을 사용합니다. 나의 동작을 컴퓨터가 따라가는 것입니다. 정확히는 나의 위치를 알아내는 기술입니다. 특히 손의 동작과 위치를 알아내서 가상의 붓이 어디에서 어떤 동작을 하고 어떤 물감으로 그림을 그리고 있는지 나타내는 것입니다. 재미있는 것은 지금까지 발달된 가상 현실 그림 도구는 두 손을 같이 사용한다는 것입니다.

사고력과 창의력 키우기

가상 현실 갤러리를 체험하라!

가상 현실을 통해 자신만의 갤러리를 만들고 그림을 걸 수 있습니다. 미술관에 가면 가상 현실 도구를 머리에 쓰고 미술품의 정보를 알아보면서 그림을 감상하지만, 이 기술을 이용하면 나만의 미술관을 만들어서 그림을 자유롭게 배치하고 감상할 수 있습니다. 직접 가서 감상하는 미술관과 가상 현실에서 체험하는 미술관은 어떤 차이가 있을까요?

사고력과 창의력 키우기

미래의 미술은 어떻게 될까?

가상 현실 그림 도구로 그리고 만든 작품은 가상 현실을 볼 수 있는 도구를 사용하여야만 체험할 수 있습니다. 이 가상 현실 미술 체험이 계속 발전하면 미래에는 어떤 모습으로 바뀌어 있을까요? 여러분이 상상하는 가상 현실 미술관은 어떤 모습인가요?

6부

나는 인공 지능 게임 전문가입니다

1 게임을 만들자!

1. 게임 할까요?

박사님 여러분은 어떤 게임을 많이 하나요? 지금 하는 게임이 어떤 종류인지, 어떻게 이루어져 있는지 설명해 볼까요? 게임의 종류, 법칙, 캐릭터, 캐릭터의 목적, 단계, 단계를 올리기 위한 조건, 내가 이 게임을 하는 이유 등을 적어 보세요.

박사님 우리는 왜 게임을 하는 것일까요?

승현 재미있어서요.

소연 엄마를 기다리며 게임을 하면 시간이 금방 가요.

박사님 사람만 게임을 할까요? 아기 동물을 본 적이 있을 거예요. 강아지는 어미 개의 꼬리나 귀를 물면서 장난을 칩니다. 어린 사자는 다른 동료 사자의 뒷다리를 물면서 놉니다. 수달은 조약돌을 손바닥으로 이리저리 돌리면서 놉니다. 어떤 새는 공중에서 일부러 먹이를 떨어뜨리고 먹이가 바닥에 떨어지기

전에 다른 새가 낚아채는 행동을 합니다. 즐거워 보이는 장면들이죠?

소연 우리 집 강아지 두 마리가 서로 물려고 했어요. 그래서 싸우지 못하게 했는데 아빠가 그건 싸우는 게 아니라 장난치는 거라고 했어요.

박사님 이런 행동은 놀이의 행태를 띤 학습입니다. 그렇다면 인간은 어떤가요? 놀이가 곧 학습인가요? 학습이기도 합니다. 한 동작을 오래 하거나 한 가지 법칙을 계속 반복하다 보면 익숙해져서 쉽게 해냅니다. 문제 풀이도 그렇습니다. 수학 공식을 그냥 외우는 것과 공식을 습득한 뒤 미로를 벗어나 보물을 습득하는 게임이 있다면 좀 더 흥미롭게 문제를 풀 수도 있습니다. 우리는 조금씩 어려워지는 문제를 한 단계 한 단계 해결할수록 즐거움을 느끼며 모두가 어려워하는 과정을 해결했을 때 성취감을 느낍니다. 보상을 받거나 합격증을 받는다면 더욱 열심히 하려고 할 것입니다. 우리의 일상과 참 비슷하지요? 단지 여기에 환상적인 세계, 아름다운 캐릭터, 현실에서 볼 수 없는 놀라운 능력이 더해진다면 빠져나오기 힘든 세상이 만들어질지도 모릅니다.

2. 게임을 만들자!

박사님 **테트리스**라는 게임이 있어요. 아주 단순한 게임이지만 속도와 시간이 빨라지며 차츰 어려워지는 게임입니다. 이 게임은 1984년 (구)소련의 과학자 알렉세이 파지트노프가 만든 게임입니다. 모스크바 성 바실리 성당을 배경으로 여러 가지 기하학적 모양의 상자가 위에서부터 아래로 떨어집니다. 게임을 하는 사람은 화살표를 이용하여 상자의 상하좌우를 바꾸고 상자가 꼭 맞는 곳에 옮겨 넣습니다. 줄의 모든 칸이 채워지면 그 줄은 사라집니다. 다음에 내려올 상자가 한쪽 화면에 미리 보입니다. 모든 줄이 사라지면 이기는 게임입니다. 이 게임은 전 세계적으로 인기를 끌었어요.

여러분도 게임을 만들어 보면 어떨까요? 단순하고 간단한 법칙, 목적, 습득 기능, 단계를 올리는 방법 등을 생각하여 게임을 만들어 봅시다. 예를 들어볼까요?

우선 어떤 게임을 만들지 생각합니다. 그리고 약속을 만들어요. 빨강 돌은 파랑 돌을 만나면 2개로 쪼개지고, 노랑 돌이 파랑 돌을 만나면 쪼개진 돌이 합쳐지는 약속을 만들어요. 돌을 가장 많이 가진 사람이 이기는 게임인데 돌을 굴려서 가운데 큰 돌 가까이 두는 게임입니다.

소연 이 게임을 잘하려면 돌을 정확하고 힘차게 굴릴 수 있어야겠어요.

승현 좀 더 재미있게 하려면 중간중간 걸림돌을 만들어 두어서 방해를 하는 거예요.

박사님 소연이와 승현이가 게임을 잘 이해했군요. 친구들과 이야기하면서 게임을 더 구체적으로 만들어 보아요.

사고력과 창의력 키우기

우리 친구들 게임을 하다 보면 너무 재미있어서 해야 할 일을 미루게 될 때가 있지요? 너무 게임만 하고 다른 공부나 운동을 하지 않으면 골고루 성장하지 못할 수도 있어요. 하지만 여러분 스스로 잘 조절한다면 게임을 통해 더 많은 즐거움을 얻을 수 있을 거예요. 친구와 함께 게임을 하면서 더 친해질 수 있는 것처럼 말이에요. 게임을 통해 얻는 것들 중에 좋은 점과 나쁜 점은 어떤 것이 있을까요?

사고력과 창의력 키우기

간단한 **코딩**을 이용하여 게임을 만들 수 있습니다. 다음 링크로 들어가 보세요. https://code.org/.

'만들기', '게임랩' 순서로 버튼을 눌러 시작하세요.

2 인공 지능 게임, 코딩으로 놀자

1. 나는 누구와 게임을 하고 있을까?

박사님 우리는 인공 지능 예술가에 대한 수업에서 브라운관과 라이트 펜으로 작동하는 초창기 컴퓨터 그래픽스에 관해 알아본 적이 있습니다. 이 컴퓨터 그래픽스의 역사 속에 재미난 게임이 등장하는데요. 바로 1958년에 발표된 **2명을 위한 테니스(Tennis for two)**라는 비디오 게임입니다. 이 게임은 최초의 비디오 게임 중 하나이며 미국의 물리학자 윌리엄 히긴보덤에 의해 발명되었습니다.

박사님 또 하나의 중요한 비디오 게임은 1961년에 만들어진 **스페이스 워!(Spacewar!)**라는 게임입니다. 우주를 배경으로 우주선끼리 싸우는 게임이에요. 2명의 플레이어가 별의 중력이 작용하는 가운데, 별과 우주선, 미사일을 피해 가며 경쟁해야 합니다.

박사님 그리고 **퐁(Pong)**이라는 게임은 1972년 발표된 아케이드 비디오 게임입니다. 아케이드 비디오 게임이란, 동전을 넣고 하는 게임기에 들어 있는 게임으로 주로 공공 장소, 공원, 놀이 동산, 식당 등에 설치되었습니다. 이름에서 알 수 있듯이 핑퐁 게임 즉, 탁구를 본뜬 게임입니다. 이 게임은 공공 장소뿐 아니라 가정용 게임으로도 보급되어 인기를 누렸어요.

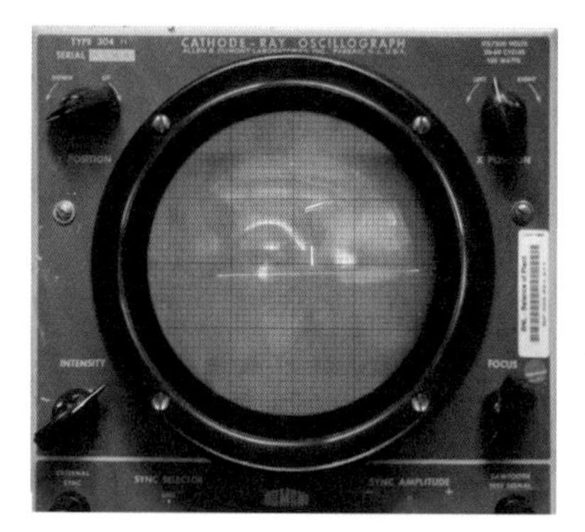

2명을 위한 테니스

박사님 간단하면서도 재미있는 게임이 많지요? 이런 게임들은 모두 상대가 컴퓨터입니다. 단순한 법칙을 입력하고 사람이 그 법칙을 따릅니다. 하지만 법칙만 있는 것이 아닙니다. 게임을 할 때 단계가 있는 것을 알 수 있습니다. 처음에는 방법을 익히고 그다음 좀 더 어려운 문제를 해결하면서 나아갑니다. 모든 과정을 해결할수록 여러분은 새로운 기술을 익히게 됩니다. 이기느냐 지느냐를 떠나서 과정을 통해 성장하게 되는 거지요.

스페이스워!

2. 코딩의 고수

박사님 코딩이라는 말을 들어본 적이 있나요?

승현 네, 컴퓨터 공부할 때 들어 봤어요.

박사님 코딩은 컴퓨터가 사용하는 말을 이용해서 컴퓨터에게 무엇인가를 하도록 하는 것입니다. 여러분에게 "한 변의 길이가 2센티미터인 정사각형을 그려라." 하고 말하면 여러분은 그렇게 어렵지 않게 그림을 그립니다. 하지만 컴퓨터는 선생님 말만 듣고 정사각형을 그릴 수 없습니다. 컴퓨터가 이해할 수 있는 언어로 입력을 하여야 합니다. 그래서 컴퓨터가 이해할 수 있는 언어를 배웁니다. 마치 영어, 독일어, 프랑스 어 등을 배워서 그 언어를 사용하는 사람들과 자유롭게 대화를 나누는 과정과 같습니다.

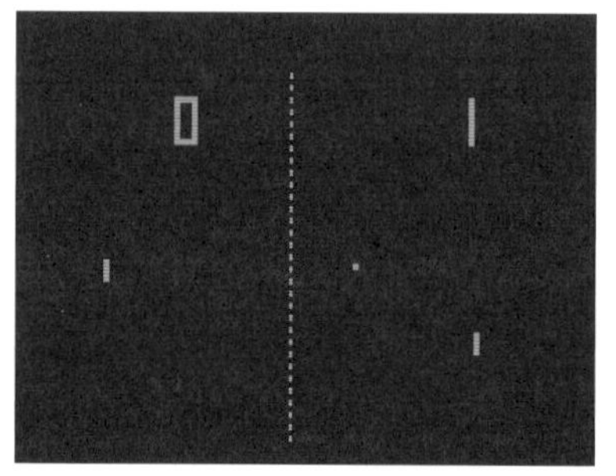
퐁

소연 코딩을 배우는 것은 어려울 것 같아요.

박사님 게임으로 코딩을 배울 수도 있어요. 코딩 게임을 통해 수학이 현실에서 어떻게 사용될 수 있는지, 그리고 논리적으로 생각하는 방법을 자연스럽게 알 수 있습니다. 다양한 코딩 게임을 만들어서 친구들과 함께 놀이를 할 수도 있습니다. 춤추는 동작을 코딩하고 음악에 맞추어 움직이게 하고 명령어를 실행했을 때 특별한 동작을 하게 할 수 있습니다.

다음 참고 링크도 들어가 보세요. (https://studio.code.org/s/dance-2019/lessons/1/levels/3)

사고력과 창의력 키우기

게임을 만들어서 친구들과 함께 재미있게 놀 수 있습니다. 게임을 더욱 재미있게 만드는 요소는 무엇일까요? 재미있는 게임을 자세히 관찰해 보세요! 효과음과 배경 음악이 게임의 동작과 세계에 잘 어울린다면 게임을 더 신나게 즐길 수 있습니다. 여러분이 만든 간단한 코딩 게임에는 어떤 효과음과 배경 음악이 어울릴까요?

사고력과 창의력 키우기

여러분은 게임을 할 때 즐거운가요? 어렵지만 잘 해결했을 때 느끼는 기쁨이 있습니다. 인공 지능도 게임을 할 때 이런 즐거움을 느낄 수 있을까요?

■ 활동 1 스냅 게임

스냅이라는 게임을 아나요? 카드 게임의 일종으로, 비슷한 카드 2장이 판에 나오게 되면 먼저 "스냅!"이라고 외치면 이기는 게임이에요.

① 준비: 우선 4장의 카드가 필요해요. A5 용지 4장에 매직펜이나 마커펜을 사용하여 중심에 각각 클로버, 스페이드, 하트, 다이아몬드를 그려서 4장의 카드를 만듭니다.

② 이제 또다시 인공 지능 컴퓨터를 훈련시켜야 해요. (https://machinelearningforkids.co.uk/scratch3/. 여기로 다시 들어가면 됩니다.)

프로젝트 하나를 만들어 주세요. 인식 방법은 '이미지'로 해 줍니다.

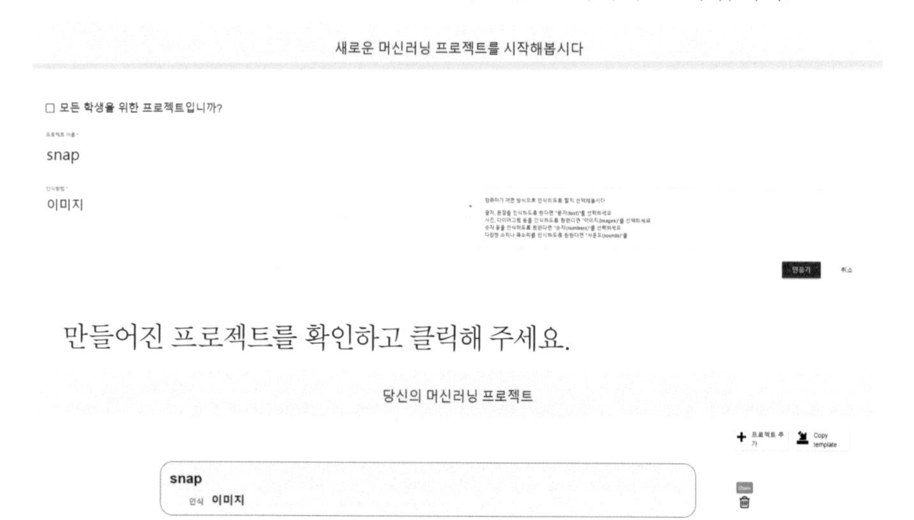

만들어진 프로젝트를 확인하고 클릭해 주세요.

③ '훈련' 버튼을 눌러서 인공 지능 컴퓨터 훈련에 들어가 주세요.

④ '+새로운 레이블 추가' 버튼을 눌러서 'heart(하트)'를 추가해 주세요. (한글로는 만들 수 없으니 반드시 영어로 해 주세요.)

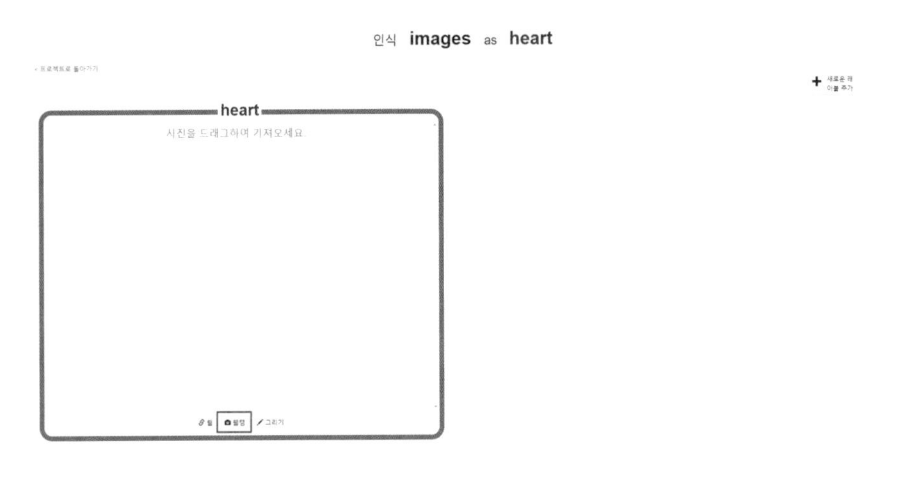

⑤ 그리고 웹캠으로 하트 카드 사진을 찍어 주세요. (웹 브라우저에서 웹캠 사용 권한을 요청하면 '승인' 또는 '허용'을 클릭해야 합니다.)

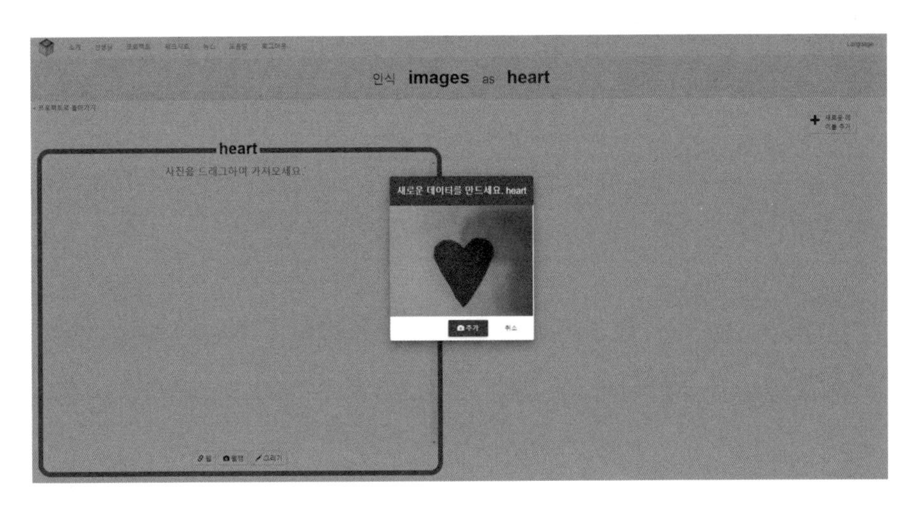

⑥ 최소 10장 이상 찍어 주세요.

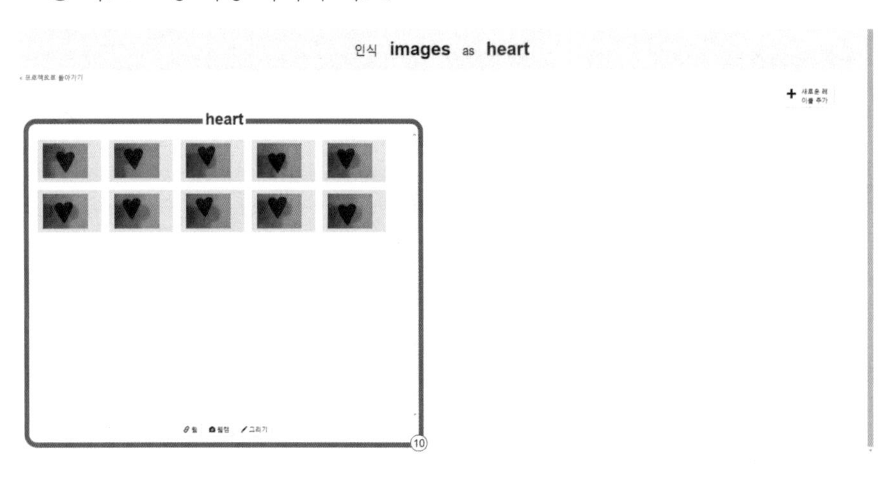

⑦ 마찬가지로 'diamond', 'clover', 'spade' 레이블을 추가한 뒤 각 레이블에 맞는 다이아몬드, 클로버, 스페이드 사진을 '웹캠' 버튼을 눌러서 10장 이상씩 찍어 주세요. (더 많이 찍을수록 인공 지능 컴퓨터가 더 잘 인식합니다. 대신 각 레이블별 사진 수는 동일해야 합니다.)

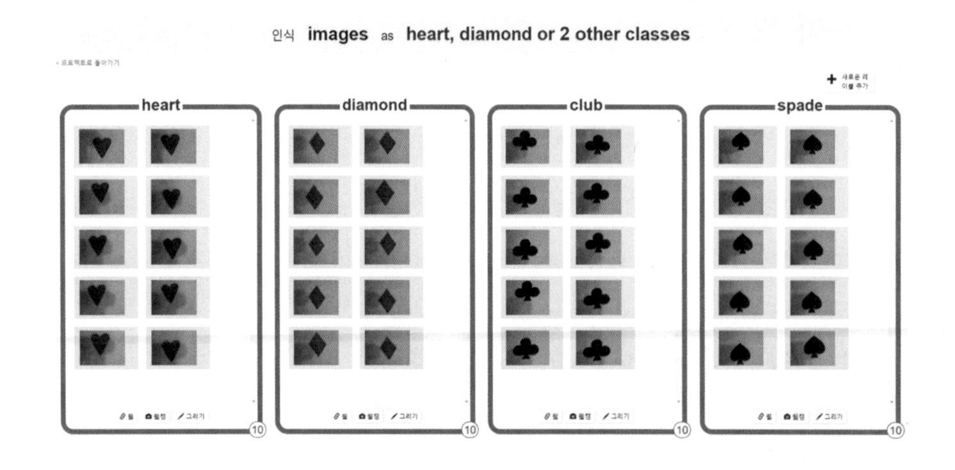

⑧ '프로젝트로 돌아가기'를 누른 후 '학습 & 평가' 버튼을 눌러서 학습 페이지로 옵니다.

⑨ '새로운 머신 러닝 모델을 훈련시켜 보세요' 버튼을 눌러서 인공 지능 컴퓨터를 훈련시킵니다. (10분 이상 걸릴 수도 있어요.)

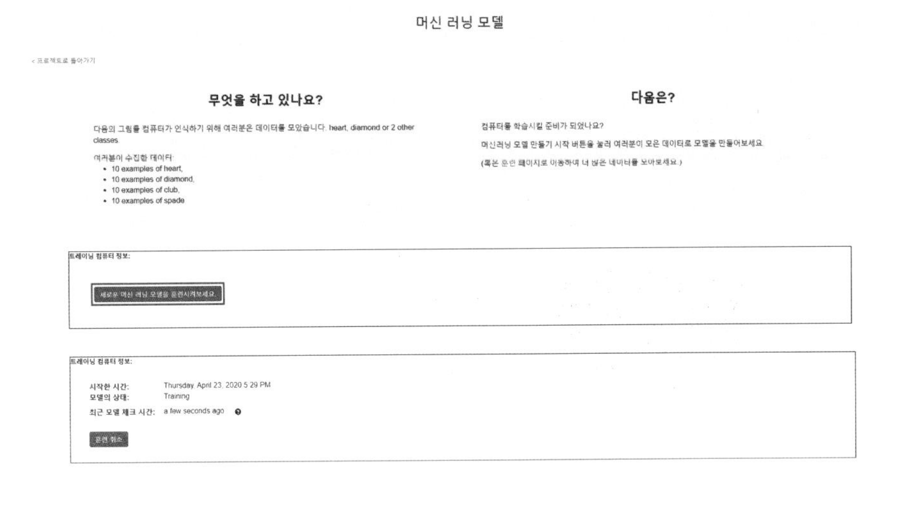

⑩ 훈련이 완료되면 아래와 같이 됩니다.

⑪ 우리는 이제 인공 지능 컴퓨터를 하트, 다이아몬드, 클로버, 스페이드 카드를 인식할 수 있도록 훈련시켰어요. 방금 우리가 올린 사진들이 인공 지능 컴퓨터를 훈련시키는 데 사용된답니다. 인공 지능 컴퓨터는 우리가 제공한 각 사진의 색상과 모양 패턴을 학습해요. 자 이제 이렇게 훈련된 인공 지능 컴퓨터를 이용해 본격적으로 스냅 게임을 만들어 볼까요?

'프로젝트로 돌아가기'를 누른 후 '만들기' 버튼을 누른 다음 '스크래치 3'을 선택합니다.

⑫ 왼쪽 위의 '프로젝트 템플릿'을 클릭하여 '스냅' 템플릿을 선택합니다. (웹 브라우저가 웹캠 사용 권한을 요청하면 '허용'을 클릭해 주세요.)

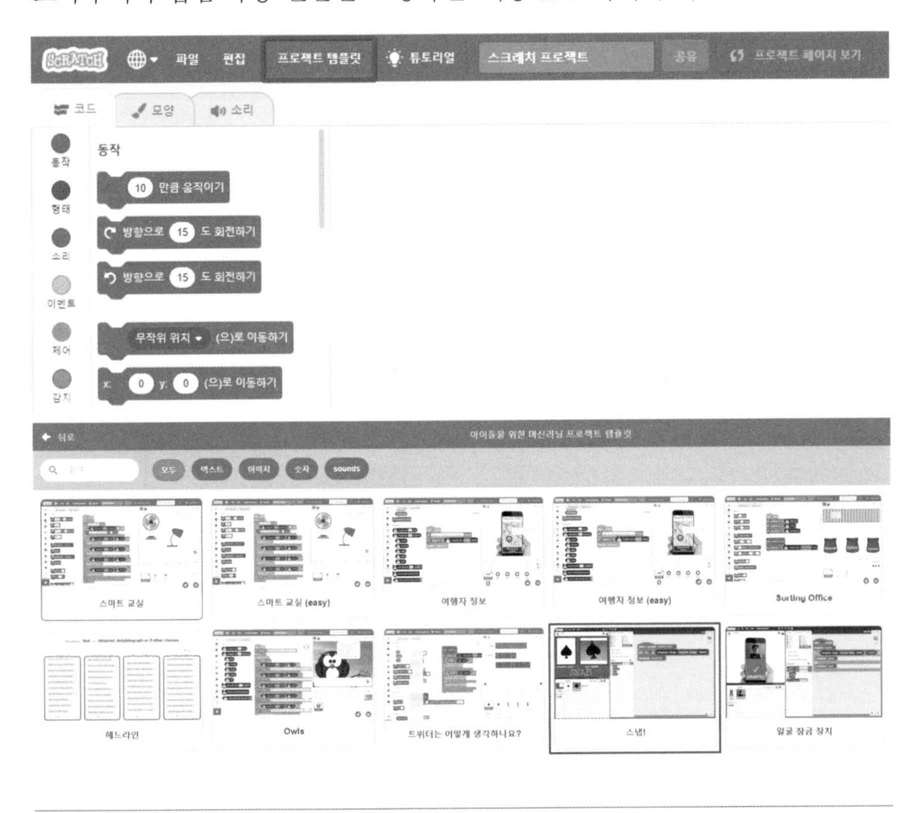

⑬ 'computer card' 스프라이트가 제대로 선택되어 있는지 확인하고 아래 그림의 코드 블록과 같이 작성해 주세요.

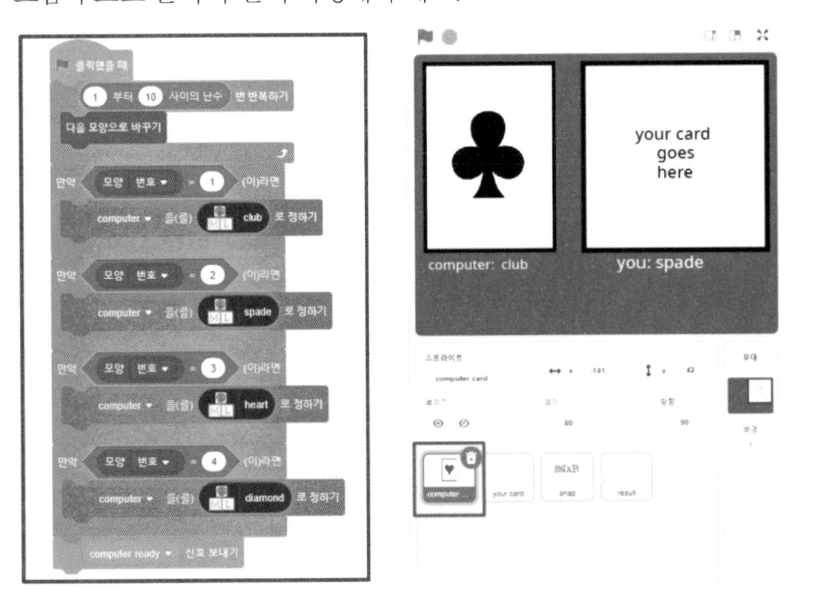

⑭ 1부터 10까지의 랜덤 회수만큼 'computer'의 모양(카드 이미지)을 바꾸고 모양의 번호에 따라 'clover', 'spade', 'heart', 'diamond'로 정해 주고 'computer ready' 신호를 보냅니다. (이후 여러분이 낸 카드와 컴퓨터의 카드를 비교하게 됩니다.)

'your card' 스프라이트를 선택하고 확인하고 아래 그림의 코드 블록과 같이 작성해 주세요.

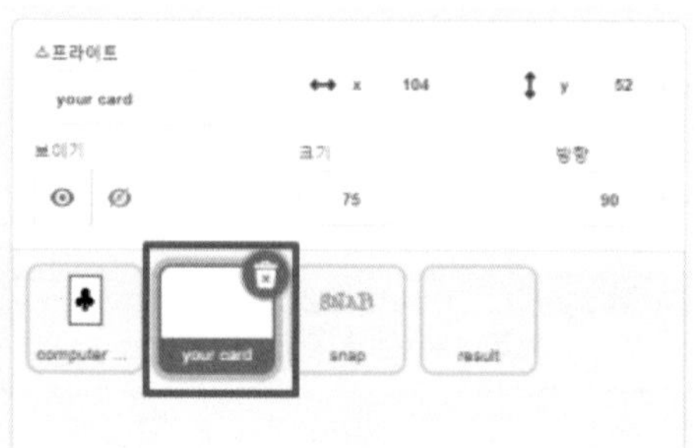

⑮ 'computer ready' 신호를 받게 되면 우리가 선택한 모양의 이미지를 인공지능 컴퓨터가 판별해서 무슨 카드인지 인식하게 됩니다. 그리고 'recognised' 신호를 보내게 됩니다.

'snap' 스프라이트를 선택하고 확인하고 아래 그림의 코드 블록과 같이 작성해 주세요.

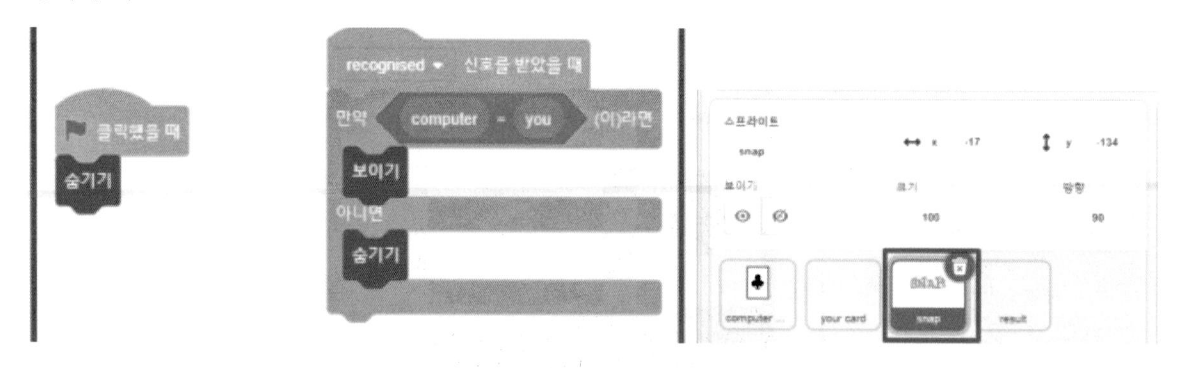

(처음 초록색 깃발을 클릭하게 되면 'SNAP'이라는 문구를 숨기고, 이후에 'recognised' 신호를 받게 됩니다. 컴퓨터와 여러분이 고른 카드가 일치하게 되면 'SNAP'문구가 보이게 되지만 틀리면 계속해서 숨기게 합니다.)

⑯ 'result' 스프라이트를 선택하고 확인하고 아래 그림의 코드 블록과 같이 작성해 주세요.

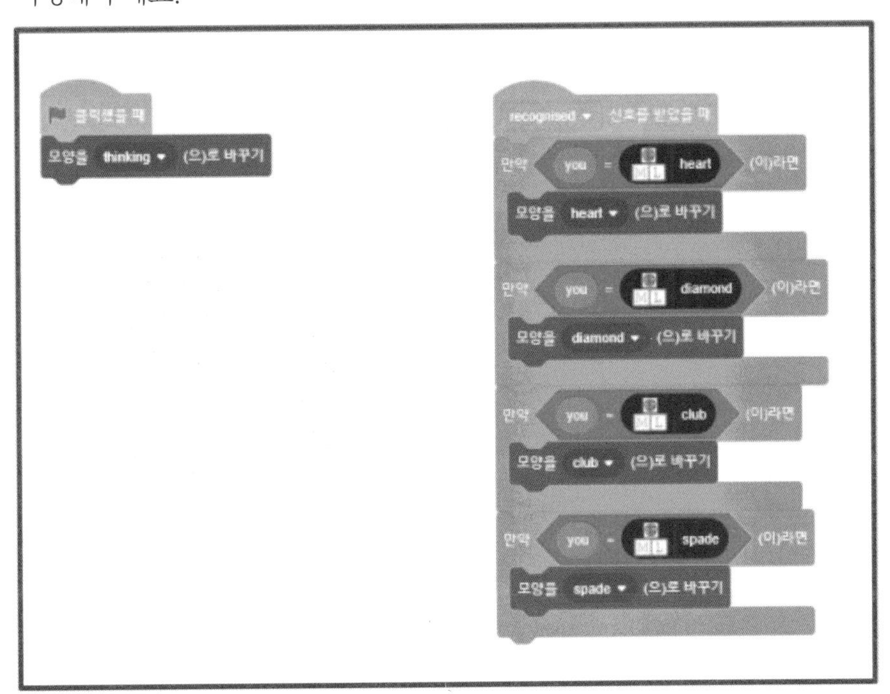

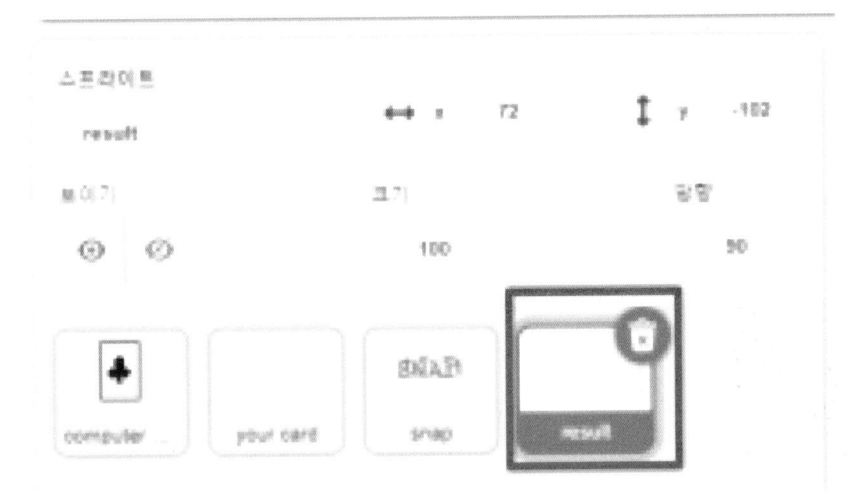

(여러분이 카드 이미지를 올렸을 때 그 이미지를 인공 지능 컴퓨터로 판별하여 'heart', 'diamond', 'clover', 'spade' 네 가지 중 하나로 게임 화면에 글자로 띄워 주는 코드 블록입니다. 처음 초록색 깃발을 눌렀을 때는 'thinking' 모양으로 있다가 여러분이 낸 카드에 따라서 네 가지 중 그에 맞는 카드로 글자를 표시하게 됩니다.)

⑰ 'your card' 스프라이트를 선택하고 확인하고 아래 그림과 같이 '추가하기'의 카메라 버튼을 눌러서 웹캠을 사용하여 여러분이 선택한 카드 사진을 찍어 주세요. 사진을 찍을 준비가 되면 '저장' 버튼을 클릭합니다.

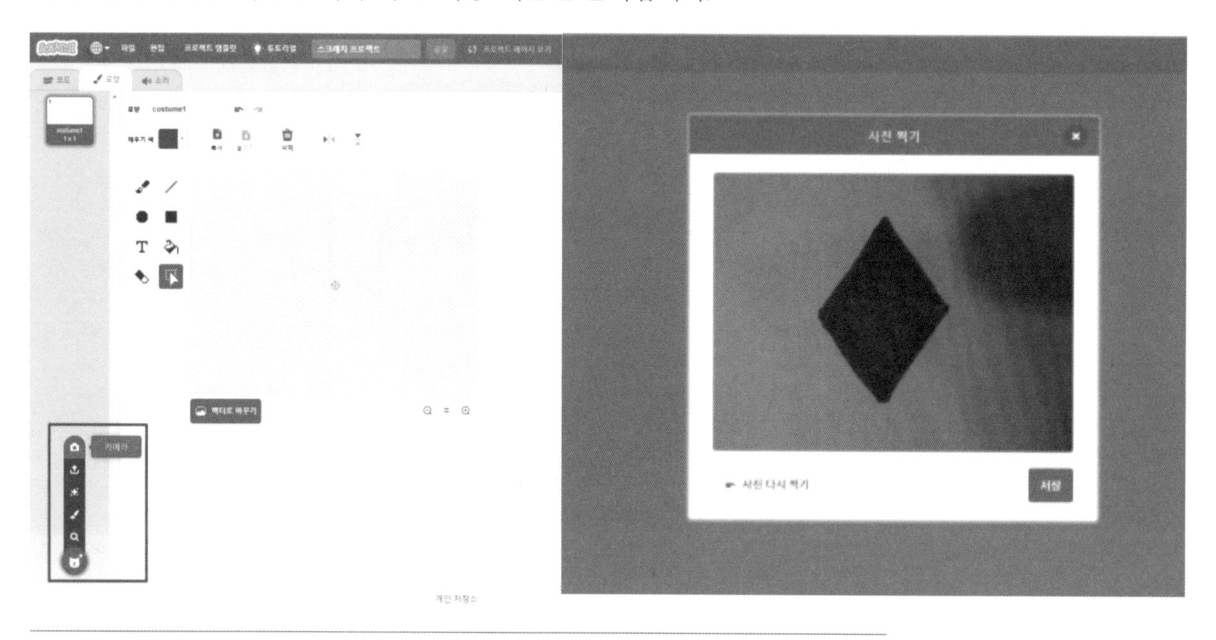

⑱ 초록색 깃발을 클릭해서 게임을 시작하세요! computer는 임의의 카드를 선택합니다. 이때 인공 지능 컴퓨터가 우리의 카드를 인식하고 computer의 카드와 일치한다면 'SNAP!'이라고 표시됩니다.

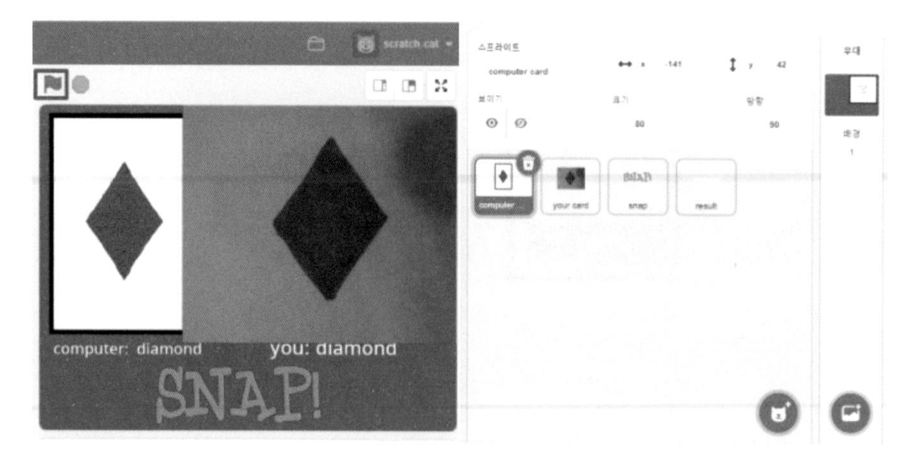

⑲ 정리하고 생각하기.

여러분은 웹캠으로 4종류의 카드 이미지를 각각 10장 이상 사진을 찍어서 인공 지능 컴퓨터가 인식하도록 훈련을 시켰습니다. 인공 지능 컴퓨터는 우리가 제공한 각 사진의 색상과 모양 패턴을 학습했어요. 그리고 인공 지능 컴퓨터의 판단에 컴퓨터가 낸 카드 모양과 일치하면 'SNAP' 문자를 띄우는 SNAP 게임을 만들어 보았어요.

지금까지 만든 하트, 스페이드, 클로버, 다이아몬드 카드 대신 색다른 디자인의 카드를 만들고, 그것을 인공 지능 컴퓨터에 인식시켜 보세요.

여러분이 만들어 낸 디자인의 카드도 인공 지능 컴퓨터는 잘 인식할 수 있답니다.

컴퓨터와 여러분이 똑같은 카드를 냈을 때 'SNAP"이라고 문자를 표시만 하는 대신 여러분이 "스냅!"이라고 외치는 소리를 녹음한 다음 프로그램에서 카드가 일치할 때 재생시켜 보세요.

그리고 처음에는 컴퓨터 쪽의 카드를 표시하지 않고 있다가 인공 지능 컴퓨터가 카드들을 인식하게 시작되었을 때 동시에 카드를 표시해 보세요. 여러분과 컴퓨터 중 누가 먼저 "스냅!"이라고 외쳤나요?

7부

직업의 세계

1 우리는 어떤 일을 하며 살아갈까요?

1. 우리가 어른이 되면 일하는 모습이 달라질까요?

소연 박사님, 저 오늘 신기한 카페를 봤어요! 아빠가 기계에 커피를 주문하면 로봇이 커피를 만들어 주었어요.

박사님 사람이 없는, 그러니까 무인 카페를 갔군요! 가 보니까 기분이 어땠어요?

소연 주문을 받는 사람이 없어서 이상했어요.

박사님 이런 기계를 **무인화 기계**라고 해요. 소연이는 무인화 기계를 직접 봤으니 오늘 수업을 더 잘 이해할 수 있겠네요! 무인화 기계는 사람 없이 기계가 스스로 움직일 수 있도록 하는 기술입니다.

예를 들면 우리가 음식을 주문하면 사람이 아니라 기계가 대신 주문을 받아요. 우리 주위에 이런 기계들이 점점 늘어나고 있어요. 사실 우리는 무인화 기계를 예전부터 사용해 왔습니다. 여러분 자판기 자주 봤죠? 자판기도 무인

무인화 기계란?
사람 없이 기계가 스스로 움직이도록 하는 기술을 가진 기계입니다. 네트워크의 발전으로 운전이나 총쏘기 등도 사람의 참여 없이 이루어집니다.

화 기계라고 할 수 있습니다.

승현 박사님, 그런데 무인화 기계가 꼭 필요할까요? 카페나 슈퍼마켓에서 음료를 살 수도 있잖아요.

박사님 맞아요. 물론 우리는 무인화 기계가 없어도 큰 불편 없이 생활할 수 있어요. 하지만 기술이 발전하면 사람들의 생각이 빠르게 바뀌기도 해요. 하지만, 요즈음엔 궁금한 것이나 모르는 것이 있으면 스마트폰이나 컴퓨터로 검색해서 알아내지요?

하지만 스마트폰이 없던 과거에는 알고 싶은 것을 바로 알아내기가 쉽지 않았어요. 찾는 가게가 어디에 있고 어떻게 갈 수 있는지를 예전에는 그 가게를 아는 사람을 찾아서 물어보거나 지도책을 찾아보아야 했으니까요. 그런데 지금은 어떤가요? 인터넷을 검색해서 그 자리에서 바로 알아낼 수 있어요. 그러면 종업원에게 주문을 하고 기다리는 것과 무인화 기계에 바로 주문하는 것과 어느 쪽이 더 빠르고 편리할까요? 무인화 기계가 훨씬 빠를 겁니다. 이렇게 최근에는 로봇과 협력하여 일을 하는 경우도 점점 늘어나고 있어요. 로봇이 같이 일하고 같이 공부하는 동료나 친구가 되어 가고 있어요.

그런데 로봇이 점점 똑똑해지다가 사람보다 더 똑똑해지면 어떨까요? 로봇이 사람이 할 일을 대신 다 해 버리면 어떨까요? 정말 그럴 수 있을까요? 지금도 자동차를 만드는 공장에는 사람들도 일하지만, 로봇 팔이 자동으로 움직이며 물건을 만드는 것을 쉽게 볼 수 있어요. 이렇게 로봇을 이용하면 물건을 더 많이, 더 빠르게 만들 수 있답니다.

2. 가게에 사람이 없어요!

박사님 여러분 **무인화 기계만 있는 가게**가 있으면 이용할 건가요?

소연 네, 저는 신기해서 가 볼 것 같아요! 그런데 그런 곳이 있나요?

박사님 미국에 **아마존 고(Amazon Go)**라는 가게가 있어요. 종업원도 없고 계산대도 없어요.

무인화 기계만 있는 가게?
점원 없이 무인화 기계로만 운영되는 가게입니다. 국내에도 벌써 수백 곳이 생겼으며, 편의점이나 패스트푸드 가게 등에서 무인 단말기 주문 시스템을 쉽게 찾아볼 수 있게 되었지요. 우리나라에도 무인화 바람이 거세게 불고 있습니다.

아마존 고?
세계 최초의 무인 매장으로, 인공 지능, 머신 러닝 등의 첨단 기술이 활용되어 소비자가 스마트폰에 앱을 다운로드하고, 매장에 들어가서 상품을 고르기만 하면 연결된 신용 카드로 비용이 청구됩니다.

무인화 점포에 대한 연구는 아마존뿐만 아니라 세계 곳곳의 기업에서 이루어지고 있답니다. 점원이 아무도 없는 가게, 여러분도 이제는 익숙하시죠?

박사님 그럼 아마존 고를 이용하는 과정을 살펴볼까요?

아마존 고에 들어가면 휴대폰 화면에 우리가 온라인에서 주문할 때 뜨는 장바구니가 나타나요.

손님이 원하는 물건을 집고 꺼내는 순간 이 가상의 장바구니에도 담겨요. 그래서 슈퍼마켓 출구에서 자동으로 계산이 되는 거예요.

승현 박사님, 그런데 사람의 도움은 전혀 필요가 없나요?

박사님 아마존 고에는 물건을 사는 사람 말고는 사람이 한 명도 없습니다. 물건을 집는 즉시 바로바로 계산이 되니까 줄을 서서 기다릴 필요도 없고 돈이나 카드를 가지고 다닐 필요도 없어서 무척 편리하고 빠를 거예요. 하지만 사람들에게 직접 물어볼 수도 없고, 조금 쓸쓸한 기분도 들겠지요? 그리고 지금은 가게에서 물건 고르는 것을 도와주거나 물건 값을 계산해 주는 사람들이 있는데, 아마존 고 같은 가게에는 그렇게 일해서 돈을 버는 사람들이 없어요. 다 기계가 대신하기 때문이에요. 그러면 사람들은 무엇을 해서 돈을 벌지 우리 친구들 걱정도 되고 궁금하기도 할 거예요. 그래서 어떤 사람들은 무인화 기술을 사람이 하기 힘든 일에만 사용하자고 주장하기도 하지요.

소연 박사님, 사람이 하기 어려운 일이라면 무엇이 있나요?

박사님 우선 사람들이 하기 힘든 일이나 위험한 일을 생각해 볼 수 있습니다.

군사 전문가들은 앞으로 **슈퍼 솔저(Super Soldier)**라고 불리는 로봇이 등장해서 다친 병사를 구해줄 수 있을 것이라고 합니다.

기술의 발달도 좋지만 무인화가 우리 사회를 어떻게 변화시키는지 알고, 대비하는 것이 중요하겠죠!

사고력과 창의력 키우기

기술이 발달하면 자연 재해가 났을 때 사람 대신에 로봇이 현장에 투입되어서 사람을 구한다고 합니다. 예를 들어, 지진 때문에 무너진 건물에 소방관이 직접 들어가서 사람을 구하는 것이 아니라 로봇이 대신 들어가서 사람을 구하고, 상황을 정리할 것입니다. 하지만 건물이 무너지는 위험한 상황이 생기면 로봇은 어떻게 될까요? 여러분은 로봇이 사람 대신 위험한 곳에 가는 것을 어떻게 생각하나요? 로봇은 사람 대신 다치거나 망가져도 되는 걸까요? 생각을 자유롭게 토의해 봅시다.

사고력과 창의력 키우기

최근에는 로봇과 협동하는 일이 많아졌습니다. 만약 여러분도 로봇과 협동할 수 있다면 어떤 일을 하고 싶은가요? 로봇과 함께하고 싶은 일을 말해 봐요.

■ 활동 1 스파이 만들기

인공 지능 컴퓨터에게 비밀 코드 단어를 이해하도록 훈련시켜서 스파이로 만들 겁니다. 이 스파이에게 마을을 안내하는 비밀 코드로 명령을 내릴 수 있습니다.

준비: 컴퓨터(노트북)와 마이크가 필요합니다. 이어폰 마이크나 헤드폰 마이크를 준비합니다. 노트북 마이크는 주변 소음 때문에 이 수업에는 적합하지 않아요.

---

① 마이크가 준비되었다면 스크래치 프로그램으로 테스트를 시작해 봅시다. 웹브라우저로 https://machinelearningforkids.co.uk/scratch3/에 접속한 다음 아래 그림과 같이 왼쪽 아래 아이콘을 클릭해 주세요. (테스트는 크롬 웹브라우저에서만 됩니다. 혹시나 크롬 웹브라우저가 아니라면 바로 다음 수업 순서로 넘어가 주세요.)

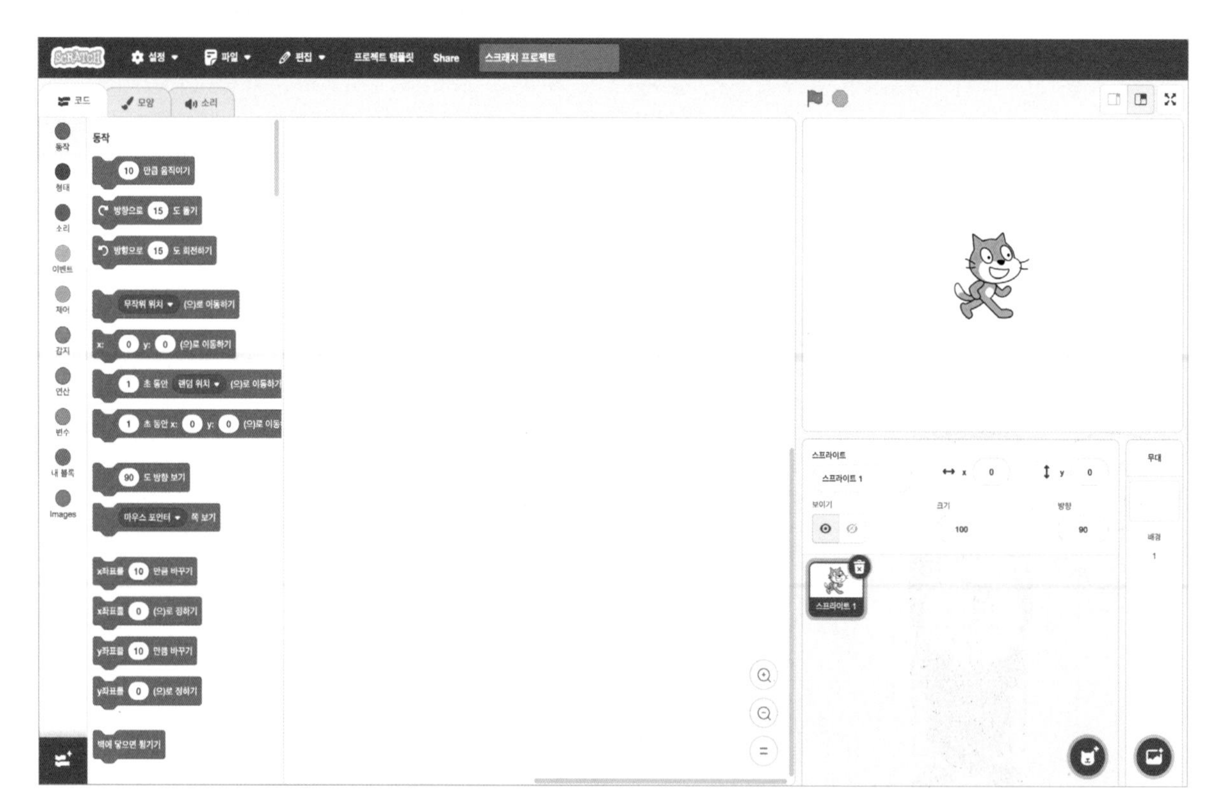

② 그리고 아래쪽에 있는 '음성 인식'을 클릭합니다.

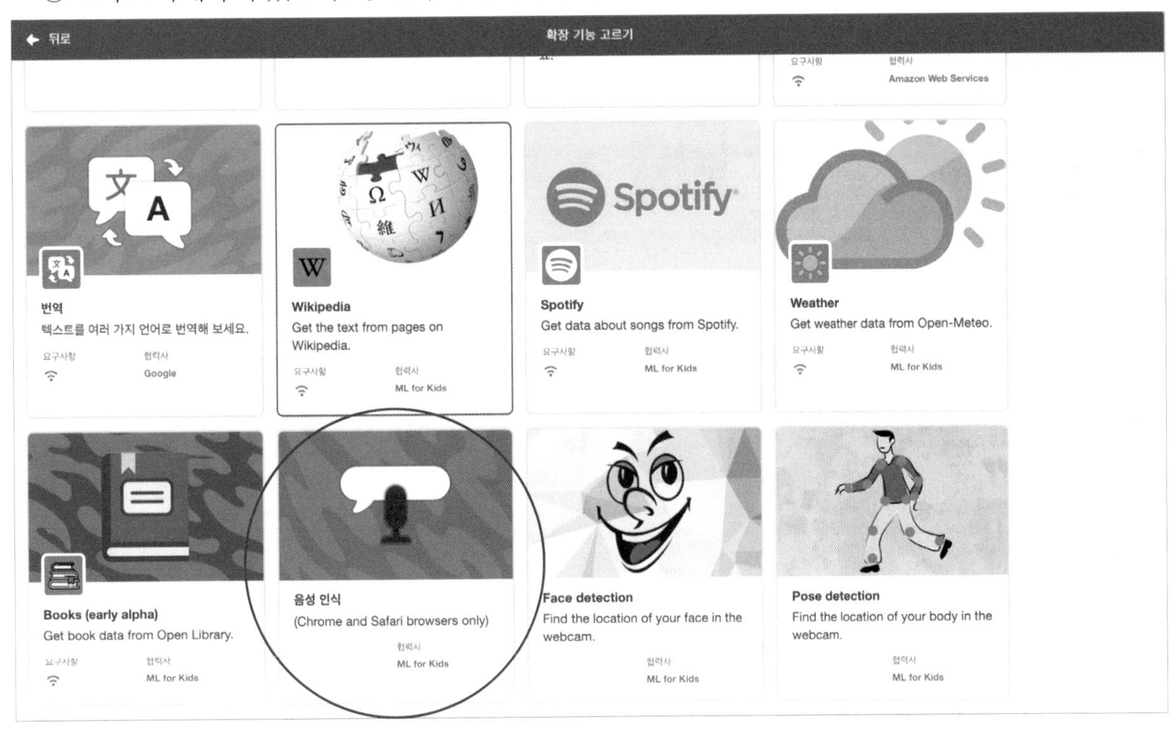

③ 오른쪽 위의 프로젝트 템플릿을 눌러서 'Secret Code' 템플릿을 불러옵니다.

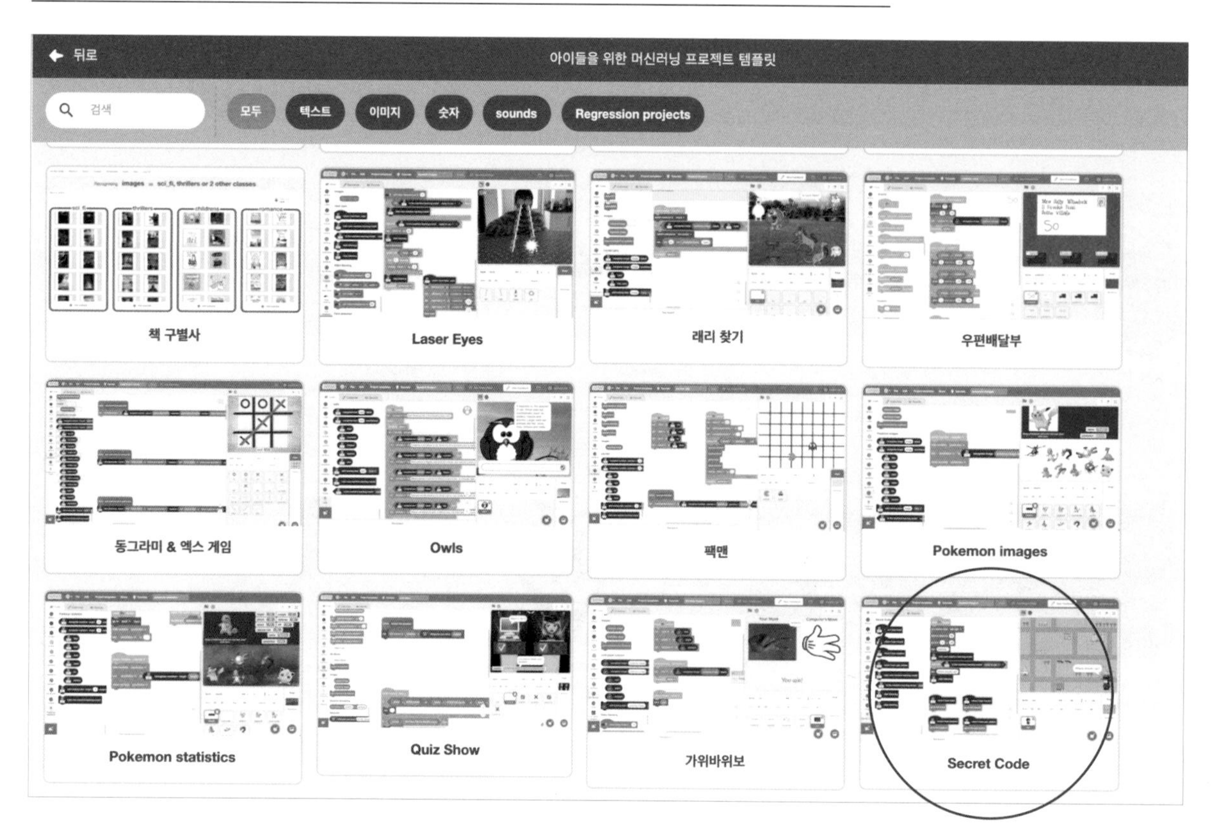

Secret Code 템플릿을 클릭해 주세요.

④ 그리고 초록색 깃발을 클릭했을 때의 코드 블록에서 음성 인식 코드 블록인 '듣고 기다리기'를 추가해 붙여 줍니다.

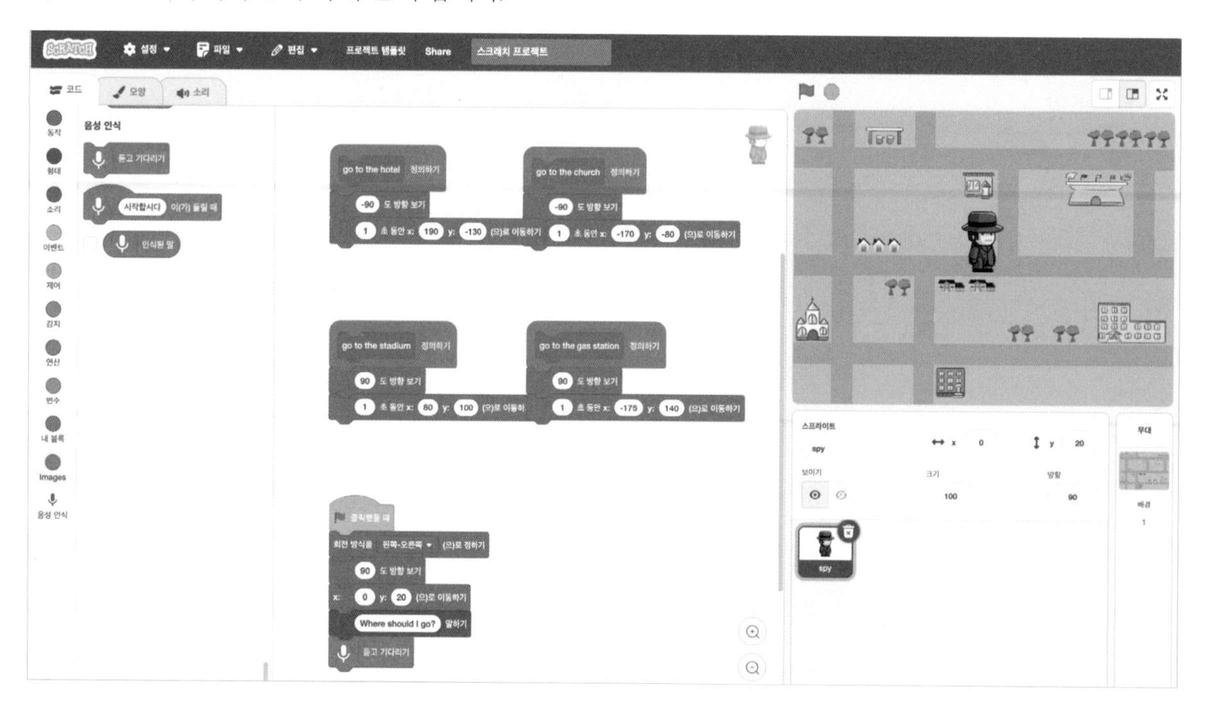

초록색 깃발을 클릭했을 때 스파이 캐릭터가 준비 위치로 간 다음 'Where should I go?'('어디로 갈까요?'라는 뜻이며 한글로 바꿔 줘도 됩니다.)라고 말하고 음성 인식을 기다리는 코드입니다.

⑤ 다음 코드 블록도 추가해 줍니다.

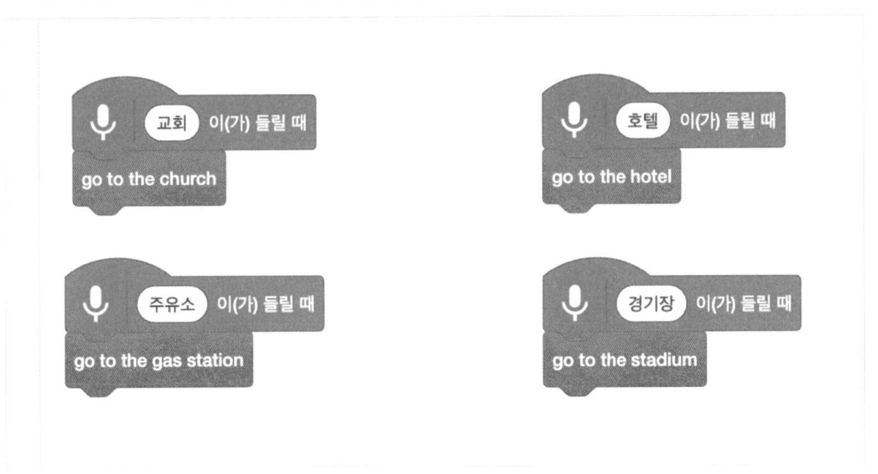

음성 인식이 교회일 때는 church(교회)로 가는 등 각 음성에 맞게 움직이는 명령을 내립니다.

⑥ 그리고 초록색 깃발을 눌러서 실행해 보세요. '교회' 또는 '호텔', '주유소', '경기장'이라고 말해 보세요. 스파이 캐릭터는 여러분이 말하는 장소로 갈 거예요.

왼쪽 위에 있는 초록 깃발을 클릭해 주세요.

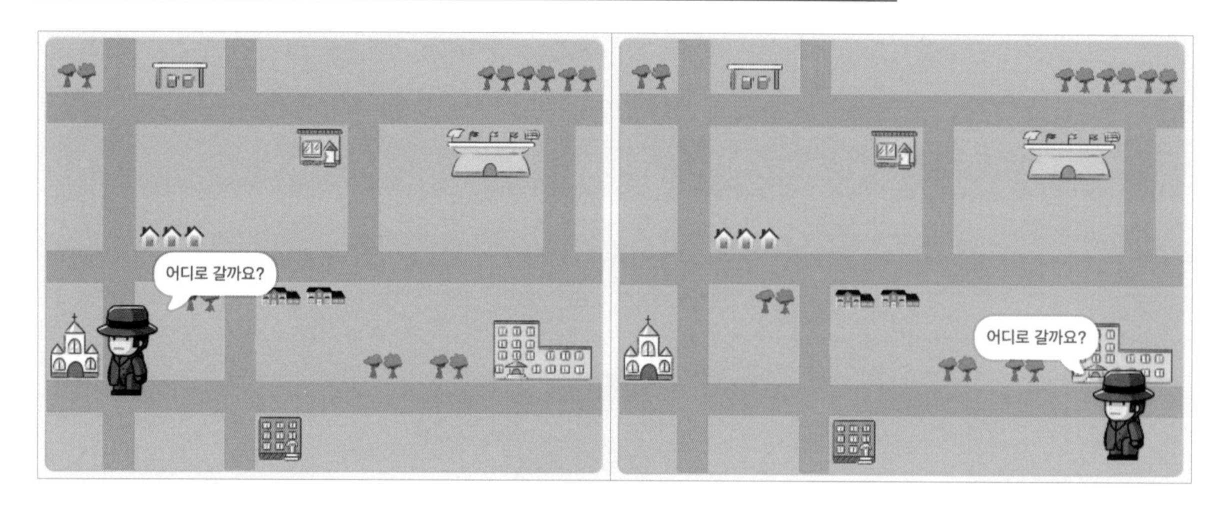

⑦ 우리가 방금 사용한 블록 코드는 인공 지능 컴퓨터에 국어 및 영어 사전에 나와 있는 언어들을 학습시킨 결과물이에요. 웬만한 언어들은 다 알아듣고 활용할 수 있는 거죠. 하지만 우리가 만들어 낸, 사전에는 없는 새로운 단어를 만들어서 인공 지능 컴퓨터에 훈련시킬 수 있답니다.

이번 수업에서는 4개의 새로운 단어를 인식하도록 인공 지능 컴퓨터를 훈련시킬 거예요. 사전에는 없는 새로운 비밀 코드 단어 4개를 만들게 됩니다. 비밀 코드 단어를 만든 후에는 스파이 캐릭터가 인식할 수 있도록 훈련시킵니다. 그렇게 하면 이제 스파이는 우리가 만든 비밀 코드로 어디로 가야 할지 이해할 거예요. 물론 비밀 코드이기 때문에 다른 사람은 무슨 뜻인지 알 수 없겠죠?

본격적으로 시작하기에 앞서 비밀 코드를 생각해야 합니다.

스파이 프로젝트의 4개 장소 교회, 경기장, 주유소, 호텔 각각에 대한 새로운 비밀 코드 단어 4개가 필요해요. 국어 또는 영어 사전에 표시되지 않는 새로운 단어를 생각해 보세요. 입으로 내는 소리만이 아니라 손뼉을 치거나 삐걱거리는 장난감을 움직이는 등 다양한 방법을 써도 된답니다.

이제 인공 지능 컴퓨터를 훈련시키겠습니다.

⑧ 프로젝트 하나를 만들어 주세요. 인식 방법은 '소리'로 해 줍니다.

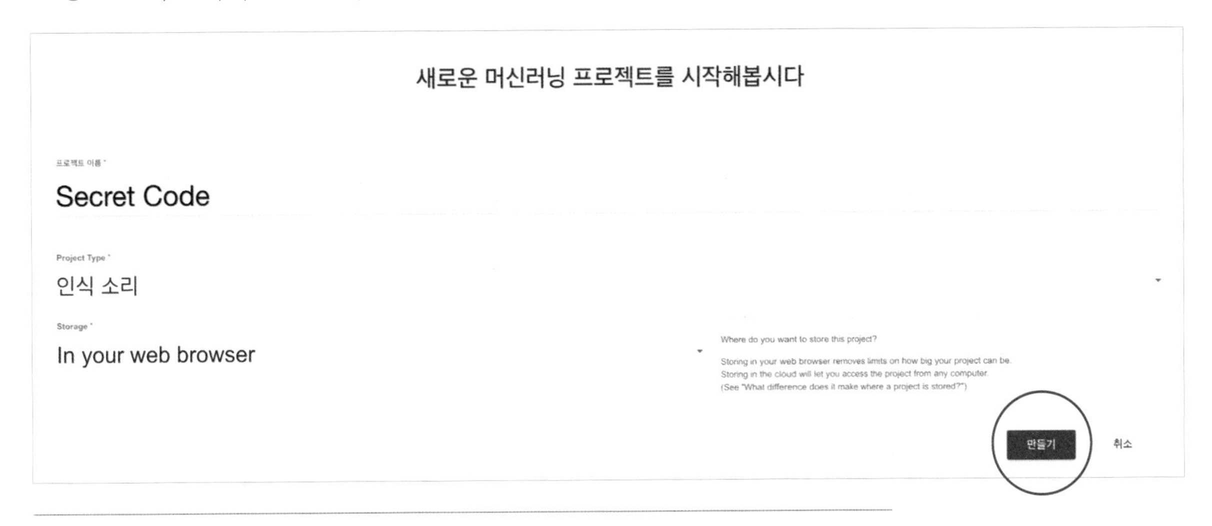

⑨ 만들어진 프로젝트를 확인하고 클릭해 주세요.

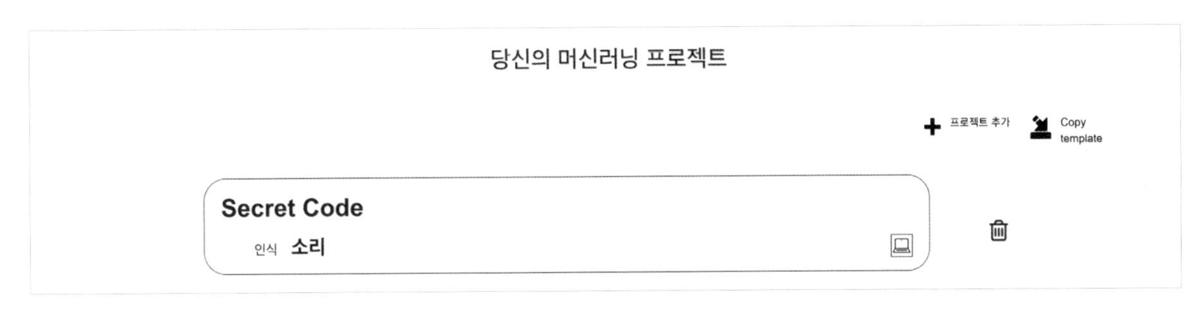

⑩ 훈련 버튼을 눌러서 인공 지능 컴퓨터 훈련에 들어가 주세요.

⑪ 이미 만들어져 있는 'background noise' 레이블에 '예제 추가' 버튼을 클릭하고 현재 아무것도 말하지 않았을 때의 자연적인 소리를 녹음하세요. ('background noise'는 주변 소음이라는 뜻으로 아무것도 말하지 않았을 때의

소리를 훈련시켜야 우리가 가만히 있을 때 인공 지능 컴퓨터도 가만히 있을 수 있어요. 인식 방법이 소리인 프로젝트는 반드시 'background noise' 레이블이 자동으로 생성된답니다.)

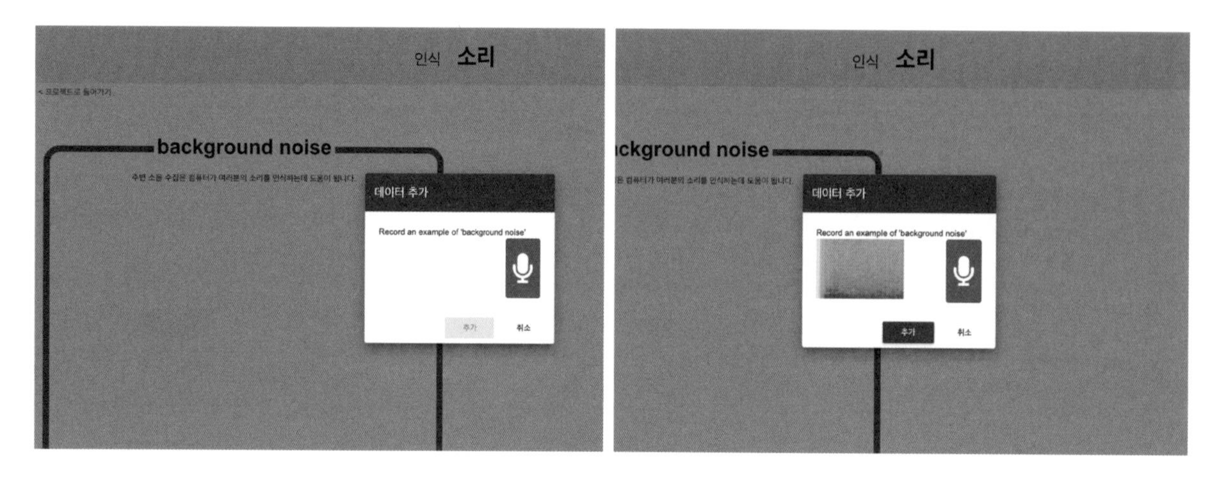

⑫ 녹음을 최소 8개 이상 추가해 주세요.

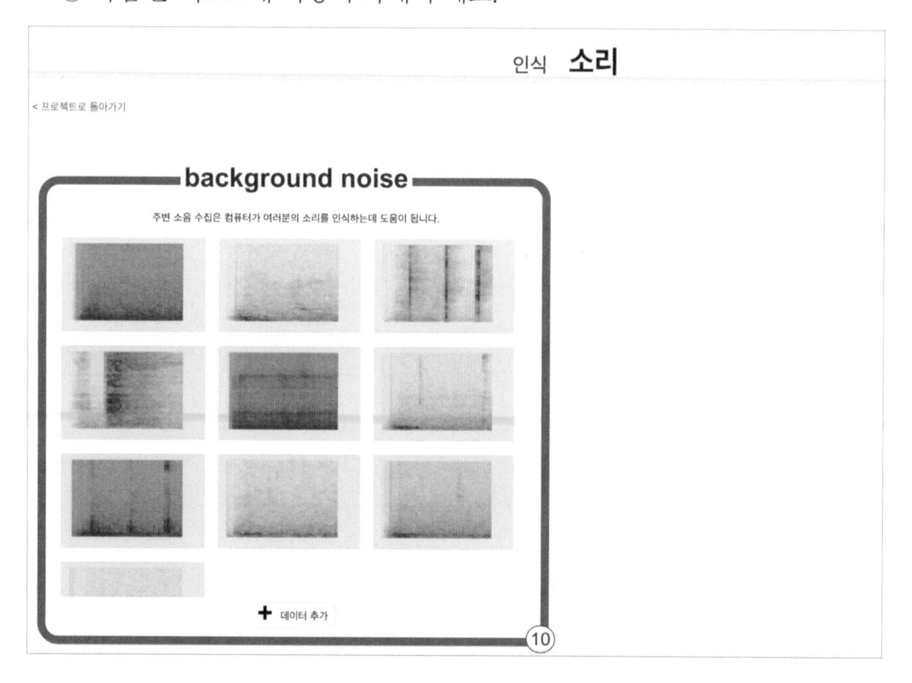

⑬ 'hotel'와 'church', 'stadium', 'gas_station' 레이블을 추가하여 아까 발명해 낸 호텔, 교회, 경기장, 주유소에 해당하는 비밀 코드 단어를 녹음해 주세요. 각각 최소 8번 이상 녹음합니다.

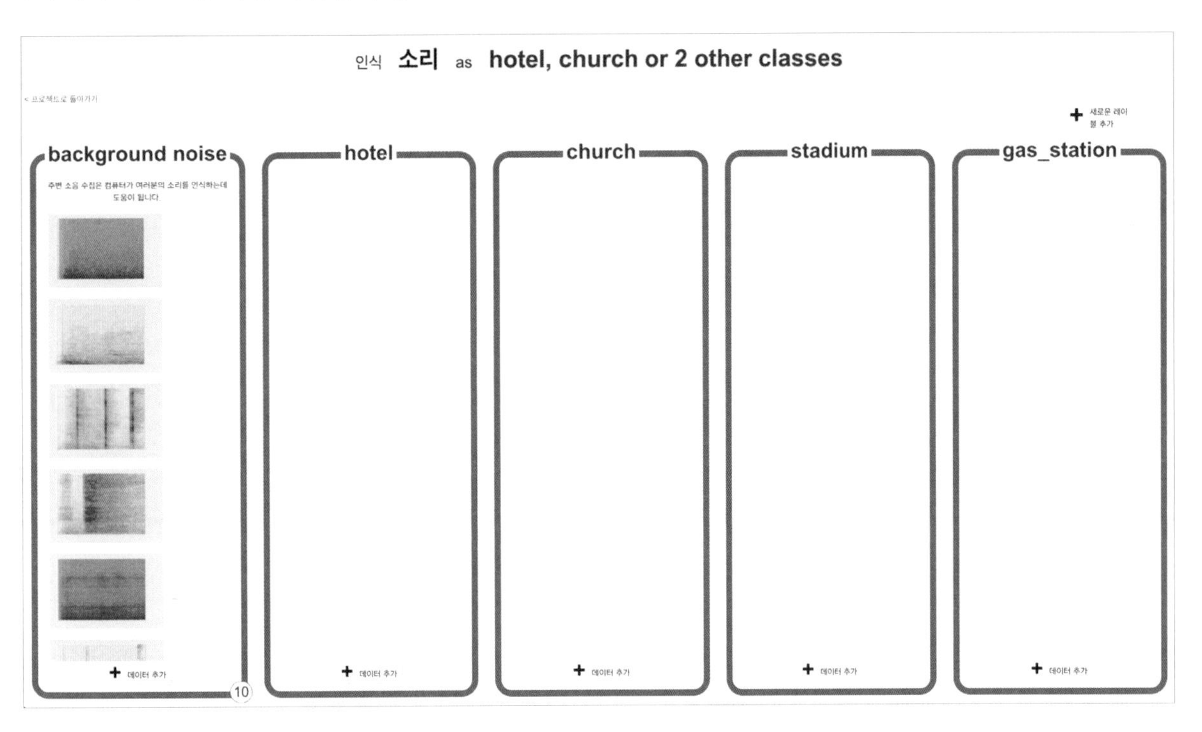

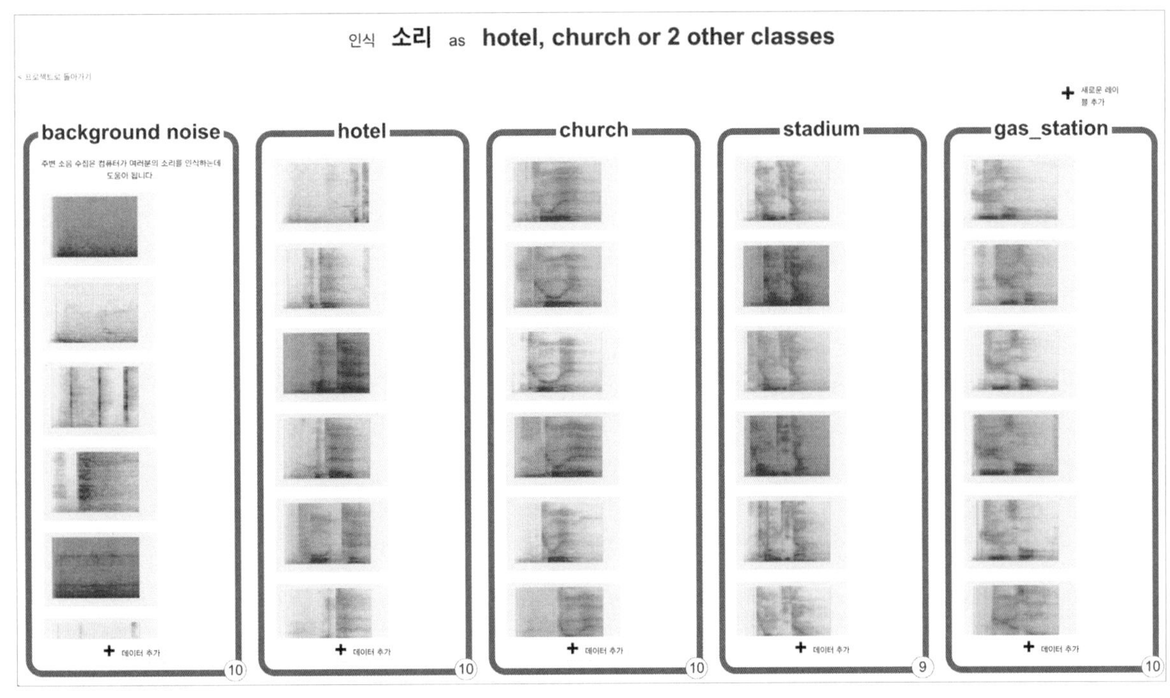

⑭ '프로젝트로 돌아가기'를 누른 후 '학습 & 평가' 버튼을 눌러서 학습 페이지로 옵니다.

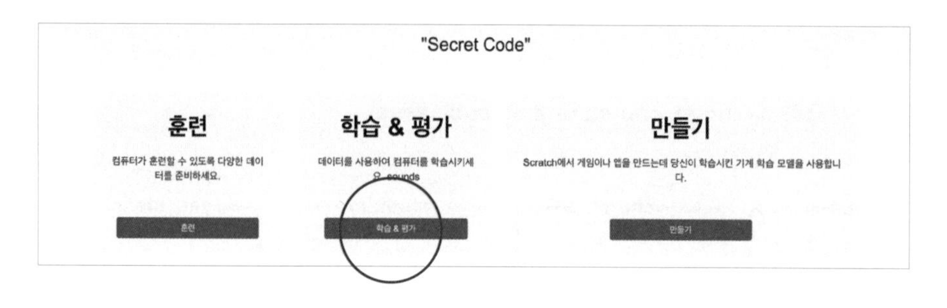

⑮ '새로운 머신 러닝 모델을 훈련시켜 보세요.' 버튼을 눌러서 조금 전에 입력한 샘플 데이터로 인공 지능 컴퓨터를 훈련시킵니다.

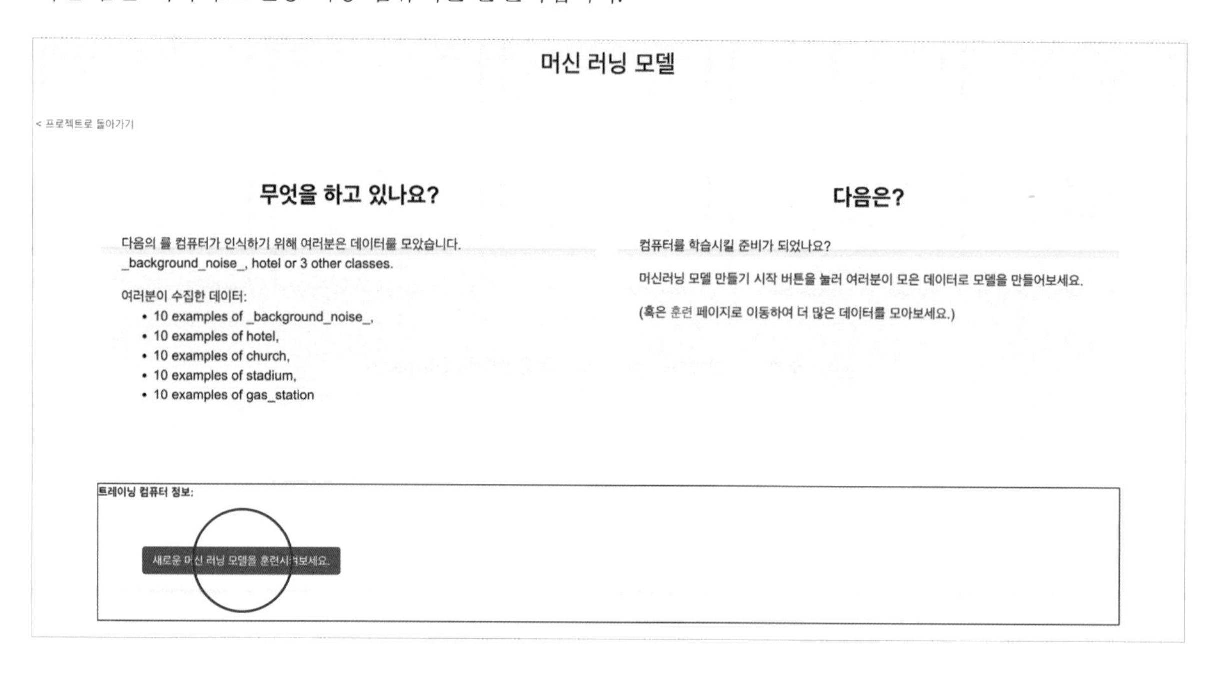

⑯ 훈련이 완료되면 듣기 시작 버튼을 눌러서 인공 지능 컴퓨터를 테스트해 보세요. 아까 발명한 '교회' 또는 '호텔', '주유소', '경기장'에 해당되는 비밀 코드를 말해 보세요. 인공 지능 컴퓨터는 아까 설정한 대로 '교회' 또는 '호텔', '주유소', '경기장'을 고를 거예요. 만약 잘못 고른다면 다시 '훈련' 페이지로 돌아가서 샘플 데이터를 좀 더 추가해 주세요.

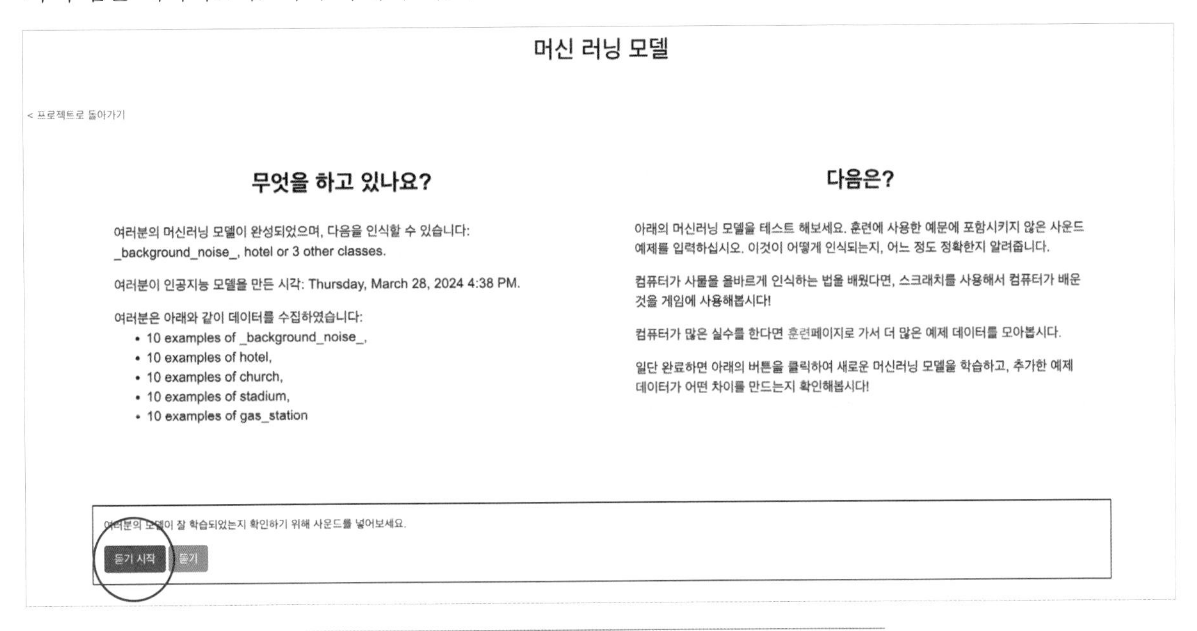

⑰ '프로젝트로 돌아가기'를 누른 후 '만들기' 버튼을 누른 다음 '스크래치 3'을 선택합니다.

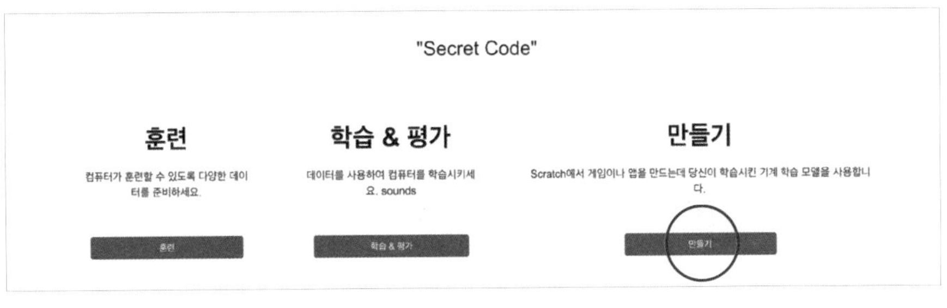

⑱ 왼쪽 위의 '프로젝트 템플릿'을 클릭하여 'Secret Code' 템플릿을 선택합니다.

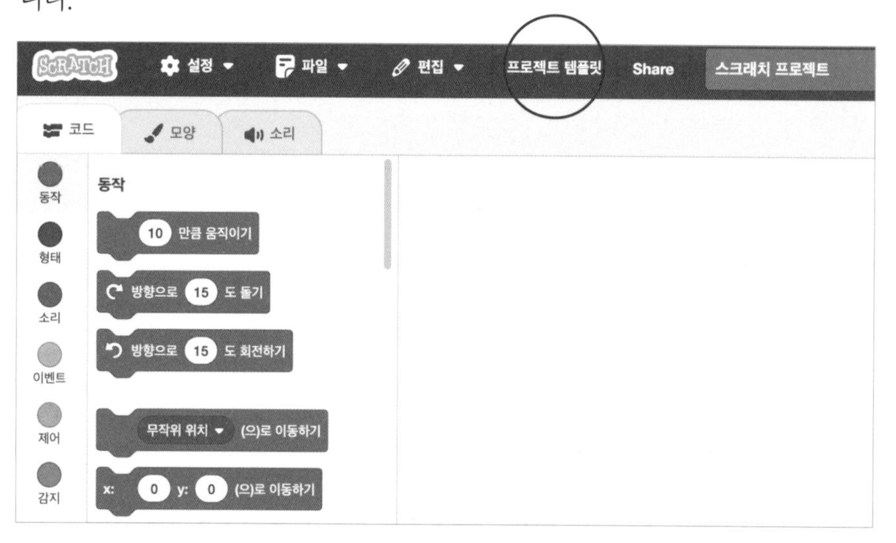

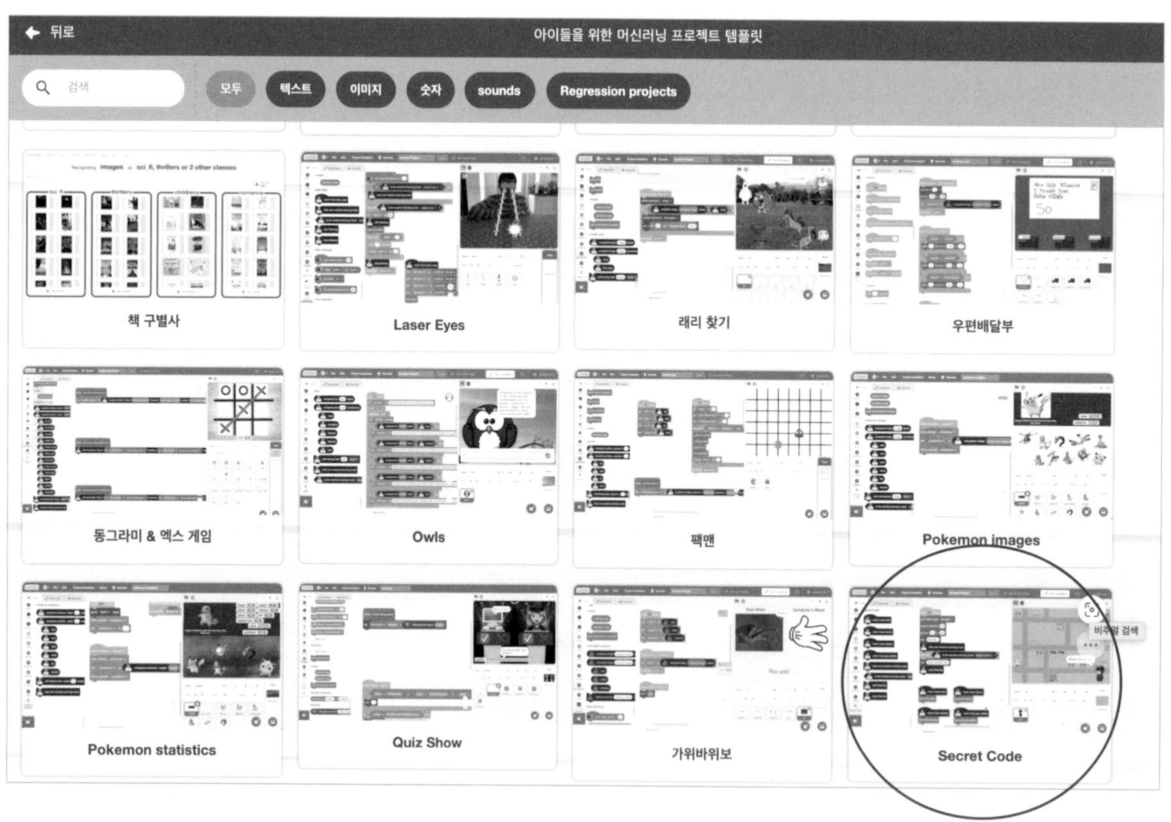

⑲ 아래의 그림과 같이 '초록색 깃발을 클릭했을 때' 코드 블록을 수정, 추가해 주세요.

초록색 깃발을 클릭했을 때 스파이 캐릭터가 준비 위치로 간 다음 인공 지능 컴퓨터를 일단 기존 샘플 데이터로 훈련을 시킵니다. 그리고 인공 지능 컴퓨터가 준비가 완료되면 '어디로 갈까요?'라고 말하고 음성 인식 듣기를 시작하는 코드입니다. 다음의 코드도 추가해 줍니다.

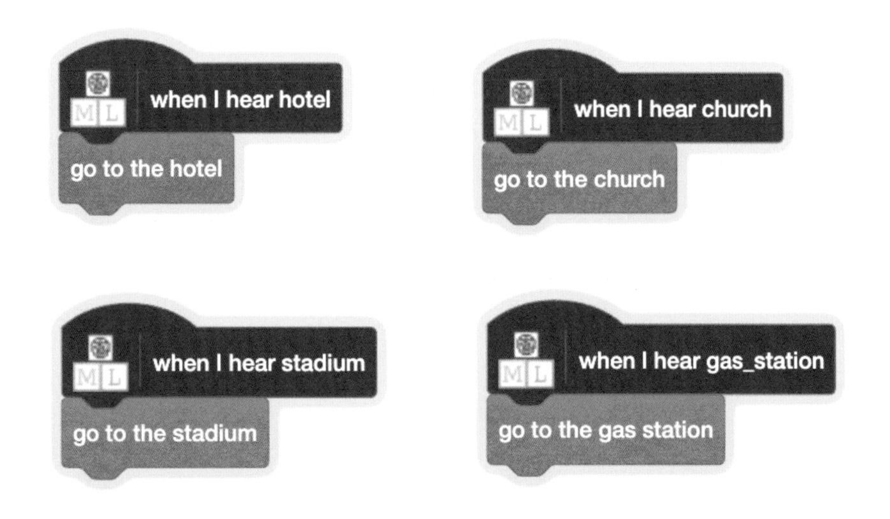

인공 지능 컴퓨터가 호텔 비밀 코드로 들었다면 호텔로, 교회 비밀 코드로 들었다면 교회로 스파이 캐릭터를 움직입니다.

⑳ 자, 이제 테스트할 시간이에요! 초록색 깃발을 클릭해 보세요. 인공 지능 컴퓨터가 훈련을 마치면 '어디로 갈까요?'라고 묻습니다. 비밀 코드 단어를 사용해서 마을 주변 건물로 스파이 캐릭터에게 명령을 내려 보세요.

㉑ 정리하고 생각하기.

친구에게 비밀 코드 단어를 알려줘서 스파이 캐릭터를 움직일 수 있게 해 보세요. 스파이 캐릭터가 움직이나요? 음성에 문제가 있다면 인공 지능 컴퓨터 훈련 페이지에서 샘플 데이터를 추가한 다음 다시 시도해 보세요.

인공 지능 컴퓨터가 다양한 음성을 인식하려면 얼마나 많은 훈련이 필요할까요? 수많은 음성 인식 인공 지능이 어떤 식으로 훈련이 되는지 살펴볼 수 있어요.

이때 중요한 건 'background noise', 주변 소음이에요. 이 주변 소음도 잘 훈련되어야 외계어랑 아무 말 안 할 때를 잘 구별할 수 있을 뿐만 아니라 이러한 특정 주변 소음이 들리는 곳에서만 음성 인식이 작동하게끔 한답니다. '주변 소음'을 훈련시켜서 어떠한 활용이 가능할까요?

한 가지 예를 들면 자동차 속 소음을 인공 지능 컴퓨터에 훈련을 시킨 다음 그 자동차 안에서만 음성 인식이 되게 할 수 있답니다. 이러한 시스템은 비행기, 기차 등등 무궁무진하게 활용될 수 있겠죠? 물론 사전에 인공 지능 컴퓨터에 훈련이 많이 됐을 때 이야기이지만 말이죠.

2 미래 직업 탐색

1. 로봇과 힘을 합쳐 환경을 지켜요

박사님 여러분은 로봇이 일을 대신해 줬으면 좋겠다고 생각한 적 있나요?

승현 네, 저는 방을 로봇이 대신 치워 줬으면 좋겠어요.

소연 저는 잃어버린 물건을 찾아 주는 로봇이 있으면 좋겠어요!

박사님 오, 아주 재미있는 생각이네요. 실제로 가정에서 사람과 함께 생활하면서 설거지, 빨래, 심부름 등을 대신해 주는 지능형 로봇이 있습니다. 미래에는 모든 가사를 대신해 주는 집사 로봇이 대중화될 것이라는 의견도 있죠. 하지만 모든 일을 대신해서 하는 인공 지능 로봇이 등장하면 사람들의 직업이 없어질까 걱정도 됩니다. 최근에는 사람을 돕는 로봇이 속속 등장하고 있답니다.

물속에서 활약하는 로봇도 있어요. 로봇의 눈에는 카메라가 달려 있고, 다양한 센서들이 로봇에 부착되어 있어서 물의 깊이와 온도 등을 측정하죠. 로봇이 이렇게 열심히 탐사하면 사람들은 실시간으로 물속의 정보를 모아서 바다

와 강의 생태계를 잘 감시하고, 지구 환경도 건강하게 지킬 수 있어요.

보세요. 이 로봇은 꼭 갑오징어 같아요.

소연 로봇이 갑오징어를 닮았다고요?

박사님 네, 재미있죠? 자연에서 모양과 움직임을 따왔어요. 물속에서 지느러미를 자유자재로 움직여서 먹이를 찾는 오징어에서 아이디어를 얻었어요. 이 수중 로봇도 갑오징어처럼 지느러미를 물결 모양으로 움직여서 유유하게 수영하며 탐사합니다. 인공 지능 로봇이라고 하면 딱딱하고, 쇠로 된 로봇만 생각나지 않나요? 이렇게 조금의 생각 전환으로도 자연을 잘 관찰해서 좋은 아이디어를 얻을 수 있답니다.

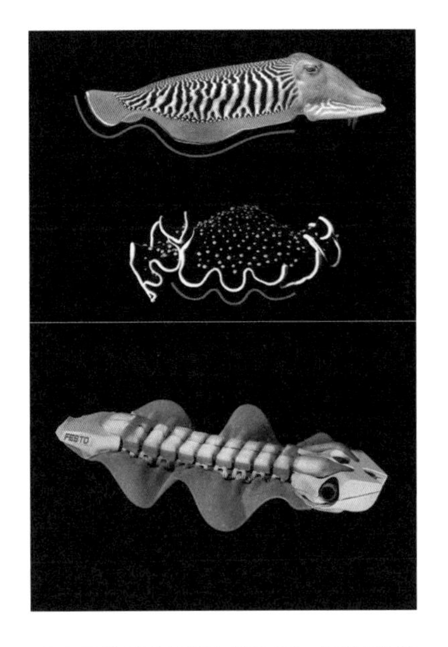

갑오징어의 형상과 헤엄치는 방법을 흉내 낸 수중 로봇.

2. 편리미엄 시대

박사님 여러분 **편리미엄**이 무엇인지 알고 있나요?

편리미엄이란?
'편리함'과 '프리미엄'의 합성어로서, 시간이 부족한 현대인들이 '편리함'을 소비의 기준으로 삼기 시작하며 생긴 신조어입니다.

소연 아니요. 전 처음 들어봤어요!

승현 저도요.

박사님 아직 생소한 단어죠. '편리함'과 '프리미엄'을 붙인 말이에요. 사람들이 바쁘고 시간에 쫓길수록 빠르고 간편한 것을 찾게 됩니다. 기술이 그런 것을 뒷받침해 주기도 해요. 편리미엄의 시대는 일상 생활의 모습을 조금씩 바꿔 놓고 있습니다. 자판기는 판매만 하지 않고, 인공 지능, 정보 통신 기술 등과 연결되면서 우리 생활이 달라지고 있지요.

최근에는 자판기로 고기도 살 수 있어요. 고기가 신선해야 하고, 또 모자라면 안 되겠죠? 자판기의 **ICT 기술** 앱을 이용해서 이런 것들을 관리할 수 있고, 게다가 24시간 이용할 수 있어요. 간편한 샐러드나 유제품을 파는 자판기도 있어요.

ICT 기술이란?
정보를 주고받고, 개발과 저장, 처리, 관리하는 데에 필요한 모든 기술을 말합니다.

소연 박사님 정말 신기해요! 저도 사용해 보고 싶어요.

박사님 그렇죠? 이렇게 편리하다는 장점이 있는데, 단점은 없을까요?

이러한 자판기가 늘어나면서 슈퍼마켓과 매장을 찾는 사람들이 줄어들고 있어서, 가게 주인들은 걱정이 많아지고 있어요. 사람이 기계와 경쟁하고 있는 것 같은 모양새죠? 편리함도 필요하고 사람과의 소통도 중요한데, 여러분 생각에는 어떻게 하는 것이 좋을 것 같아요?

사고력과 창의력 키우기

국내에서도 무인화 기술을 사용한 편의점을 여는 것에 이어서 자율 주행 배송 서비스를 시작한다고 합니다. 여러분은 이런 매장이 있다면 방문하시겠습니까? 지금의 매장보다 좋은 점은 무엇일까요? 만약 방문하지 않는다면 그 이유는 무엇인지 말해 봅시다.

사고력과 창의력 키우기

여러 동물의 특징들로 반려 로봇을 만들 수 있다고 합니다. 여러분은 어떤 동물의 어떤 점을 합친 반려 로봇을 가지고 싶나요? 그렇게 여러 특징을 합치면 그 로봇은 어떤 일을 할 수 있나요? 자유롭게 상상하고, 이야기해 봅시다.

저자 소개

김재웅 현재 중앙대학교 첨단영상대학원 교수로 재직 중이다. 홍익대학교 대학원, 독일 슈투트가르트 국립 조형 예술 대학을 졸업하였으며, 2002년 FIFA 월드컵 개막식 아트 영상 감독, 2005년 아이치 엑스포 한국관 자문 위원, 2008년 베를린 공과 대학 교환 교수, 2014년 BIAF 집행 위원장, 2022년 현재 한국문화예술교육진흥원 교육 과정 심의 위원을 맡고 있다. 옮긴 책으로는 『혼자 가는 미술관』 등이 있다.

김갑수 현재 서울교육대학교 컴퓨터교육과 교수 및 대학원 인공 지능 과학 융합 교수로 재직 중이다. 서울대학교 계산통계학과 전산 과학 전공으로 학사, 석사 및 박사를 취득하였고, 삼성전자 연구소에서 근무한 바 있다. 한국정보교육학회 회장, 한국정보과학교육연합회 공동 대표를 역임하였고, 현재 서울교육대학교 과학영재교육원 원장 및 소프트웨어영재교육원 원장을 맡고 있다.

김정원 현재 서울교육대학교 생활과학교육과 교수로 재직 중이다. 서울대학교 식품 영양학과에서 학사와 석사를, 미국 펜실베이니아 주립 대학교에서 박사 학위를 취득하였다. 미국 알칸소 대학교에서 연구원으로, 오스트레일리아 브리즈번 대학교에서 방문 연구원, 한국보건산업진흥원에서 책임 연구원으로 근무한 경력을 가지고 있다. 한국식품조리과학회 회장, 한국실과교육학회 부회장, 한국다문화교육학회 이사, 식품의약품안전처 식품 위생 심의 위원 등을 역임하였고, 저서로는 『스마트 식품학』, 『Food Safety First 식품 위생학』, 『초등 실과 교육』, 『학교 다문화 교육론』 등이 있다.

김세희 이화여자대학교 서양화과를 졸업하고 움직이는 영상에 관심을 가져 중앙대학교 첨단영상대학원 애니메이션 제작 석사 과정을 밟았다. 영국 켄트 대학교에서 순수 예술 석사를 졸업하였으며 주영 한국 문화원, 바비칸 센터 등에서 영상과 회화 작품을 전시하였다. 영상 콘텐츠와 이미지, 애니메이션에 대한 연구를 지속하며 중앙대학교 첨단영상대학원에서 박사 학위를 취득하였다. 현재 여러 대학교에서 애니메이션, 영상 콘텐츠 이론과 실기 등을 강의 중이다. 첨단 영상 콘텐츠의 이론과 표현에 대하여 연구하고 작품 활동을 지속하고 있다.

진종호 중앙대학교 첨단영상대학원 애니메이션 제작 석사 과정을 졸업하고 AR, VR, XR, 모션 캡처, 디지털 휴먼 관련 다수의 프로젝트를 수행하였다. 현재 여러 대학에서 3D 컴퓨터 그래픽과 인터랙티브 아트 실기 과목을 강의 중이며 주식회사 바만지의 대표 이사로서 메타버스와 XR 콘텐츠 제작 활동을 지속하고 있다.

이문형 VFX 제작 회사인 덱스터 스튜디오에서 라이팅 아티스트로 근무하며 영상 콘텐츠 제작에 관심을 가져 중앙대학교 첨단영상대학원 애니메이션 제작 석사 과정을 졸업하였다. 현재 중앙대학교 첨단영상대학원의 영상 정책 박사 과정을 수료하였으며, 여러 대학에서 3D 애니메이션을 중심으로 이론과 실기 과목을 강의 중이다. 융합 콘텐츠에 대해 연구하며 콘텐츠 제작 활동을 지속하고 있다.

감수 최종원 카이스트에서 학사와 석사 학위를 취득하고, 서울대학교에서 인공 지능을 주제로 박사 학위를 취득하였다. 박사 과정 중 영국 임페리얼 칼리지 런던에서 인공 지능의 융합 연구를 수행하였고, 졸업 후에는 삼성SDS의 인공 지능 기반 플랫폼을 위한 기술을 연구하였다. 현재 중앙대학교 첨단영상대학원에 전임 교원으로 재직 중이며, 인공 지능의 효율적 학습을 위한 기초 연구와 콘텐츠, 문화 유산을 위한 인공 지능 연구를 수행하고 있다.

초등학생을 위한 인공 지능 교과서 1

1판 1쇄 찍음 2023년 12월 15일
1판 1쇄 펴냄 2023년 12월 31일

지은이 김재웅, 김갑수, 김정원, 김세희, 진종호, 이문형
그린이 최연우, 박새미
감수 최종원
기획 중앙대학교 인문콘텐츠연구소 HK+ 인공지능인문학사업단
펴낸이 박상준
펴낸곳 (주)사이언스북스

출판등록 1997. 3. 24.(제16-1444호)
(06027) 서울특별시 강남구 도산대로1길 62
대표전화 515-2000, 팩시밀리 515-2007
편집부 517-4263, 팩시밀리 514-2329
www.sciencebooks.co.kr

979-11-92107-09-7 04400
979-11-92107-08-0 (세트)

이 저서는 2017년 대한민국 교육부와 한국연구재단의 지원을 받아 수행된 연구임
(NRF-2017S1A6A3A01078538)